Innovation und Transformation mit DesignAgility

Stefanie Quade/Okke Schlüter

Innovation und Transformation mit DesignAgility

Zukunft machbar gestalten und systematisch entwickeln

1. Auflage

Schäffer-Poeschel Verlag Stuttgart

Bibliografische Information der Deutschen Nationalbibliothek

Die Deutsche Nationalbibliothek verzeichnet diese Publikation in der Deutschen Nationalbibliografie; detaillierte bibliografische Daten sind im Internet über http://dnb.dnb.de/ abrufbar.

Print:	ISBN 978-3-7910-6232-7	Bestell-Nr. 13141-0001
ePub:	ISBN 978-3-7910-6233-4	Bestell-Nr. 13141-0100
ePDF:	ISBN 978-3-7910-6234-1	Bestell-Nr. 13141-0150

Stefanie Quade/Okke Schlüter
Innovation und Transformation mit DesignAgility
1. Auflage, Juli 2024

www.schaeffer-poeschel.de
service@schaeffer-poeschel.de

Produktmanagement: Dr. Frank Baumgärtner
Lektorat: Markus Pohlmann, IQ Verlagsbüro, Heidelberg

Schäffer-Poeschel Verlag Stuttgart
Ein Unternehmen der Haufe Group SE

Inhaltsverzeichnis

Einleitung – Fit für die Transformation

Wandel

»Change is the only certainty – das einzig Beständige ist der Wandel« lautet eine beliebte Zustandsbeschreibung: Das augenzwinkernde Oxymoron beschreibt die Arbeit in vielen Unternehmen und Märkten in der Phase einer Transformation. Besonders von der Digitalisierung und künstlicher Intelligenz gehen viele Impulse aus, die Workflows und Wertschöpfungsketten verändern. Langfristige Gewissheit ist eine Rarität geworden, vielmehr werden Produktlebenszyklen kürzer, digitale Services verbinden bestehende Produktwelten und Entscheidungen werden anspruchsvoller durch die »VUKA-Welt« (Volatilität, Unsicherheit, Komplexität, Ambivalenz). Dazu passt der Trend, mit agilem Projektmanagement schneller und besser auf Veränderungen reagieren zu können. Soziale Medien spiegeln durch ihre Schnelligkeit, Kurzlebigkeit und Kleinteiligkeit diese Trends auch medial.

Anpassungs-/Veränderungsfähigkeit

Eine einzelne unruhige Phase, ein Umzug, eine Fusion oder eine Turbulenz am Markt nehmen die meisten gelassen hin, weil sie abgrenzbar ist und vorübergeht. In einer längeren Transformation, die sich über Jahre oder Jahrzehnte hinzieht, ist es mit Gelassenheit nicht getan. Menschen und Organisationen müssen sich nicht nur emotional, sondern auch methodisch auf einen dauerhaften Wandel einstellen. Da das Ergebnis des Wandels nicht in allen Punkten absehbar ist, wird eine hohe und dauerhafte Anpassungsfähigkeit unverzichtbar.

New Work

Parallel zum äußeren Wandel verändert sich – besonders in den postindustriellen Gesellschaften – die Einstellung der Menschen zu ihrer Arbeit: Sinngebung (Purpose), Wertschätzung, flache Hierarchien, fluide Strukturen statt der früheren »Silos« sind gefragt. Einige dieser Aspekte hat Frithjof Bergmann in den 1980ern mit seinem Konzept von New Work vorweggenommen, das sich im deutschsprachigen Raum erst in den letzten 10 Jahren voll entfaltet hat. Der Fachkräftemangel verleiht diesen Erwartungen besonderen Nachdruck: Die Arbeitgeber können es sich gar nicht leisten, sie zu ignorieren. Wenngleich damit eine höhere Arbeitszufriedenheit erreicht wird, bedeutet New Work auch eine Umstellung, bei der sich insbesondere die Führung an diese Werte anpassen muss.

Lösungsangebot

Das vorliegende Buch soll in solchen Phasen Orientierung geben und eine methodische Unterstützung für die Umsetzung von Innovation und Transformation bieten.

Die Rahmenbedingungen und Skills, die erforderlich sind, um im beständigen Wandel Erfolg zu haben, sind keine Kaffeesatzleserei, sie können klar benannt werden:

- Die kontinuierliche Analyse der *Kundenbedürfnisse* richtet die Organisation inhaltlich aus.
- Das Denken in *Innovationen* hilft, vorhandene Denkmuster und Konventionen zu hinterfragen.
- Die Kombination aus *Kundennutzen und Erlösmodell bei* gegebenen Kosten sichert die *Profitabilität*.
- Prozesse und Systeme sind »Erfüllungsgehilfen« und müssen *flexibel* angepasst werden können.

Design Thinking hat seinen Funktionstest längst bestanden und ist zu einer festen Größe im Innovationsmanagement geworden. Die gute Anwendbarkeit und Wirksamkeit der Methode DesignAgility wurde von vielen Moderator*innen seit Erscheinen des ersten Buchs der Autoren im Jahr 2017 durch zahlreiche Projekte in Unternehmen und Hochschulen bestätigt. Durch die internationale Nachfrage wurde DesignAgility 2019 ins Englische übersetzt und insbesondere im angelsächsischen Raum vielfach in Projekten eingesetzt. Die vielen Erfahrungen und Anregungen sind in dieses vorliegende Buch eingeflossen.

Wie in Kapitel 3 ausgeführt wird, kann man sich mit diesem Buch erst einlesen oder auch sofort in ein Innovationsprojekt starten. DesignAgility ist Plug-and-play, denn …

- Innovation lebt vom Ausprobieren,
- frühe Perfektion ist nicht das Ziel,
- dynamische Märkte brauchen flexible Methoden,
- DesignAgility passt maßgeschneidert für den Direktstart von Veränderungsvorhaben.

Dieses Buch bietet Ihnen weitere Implementierungsaspekte für die Verstetigung von Veränderungen in Ihrer Organisation, um die Zukunft greifbar zu machen und systematisch zu entwickeln.

Die Dynamiken in den Märkten der Welt beinhalten große Herausforderungen, bieten jedoch auch zahlreiche Chancen, die DesignAgility direkt aufgreift. Neben dem Buch werden ergänzende Downloads unter www.designagility.de zur Verfügung gestellt. Diese Materialien sind für die konkrete Umsetzung der DesignAgility in Innovationsworkshops und längerfristigen Veränderungsvorhaben gedacht. Zudem helfen sie, künftige Ergänzungen schnell und komfortabel anbieten zu können. Gleichzeitig bietet www.designagility.de Neuigkeiten zu Events, aktuelle Veröffentlichungen und Kontaktmöglichkeiten zu den Autoren.

Im vorliegenden Buch wurde für eine bessere Lesbarkeit häufig grammatikalisch die maskuline Form verwendet (generisches Maskulinum), die alle Geschlechter einbezieht. Namensbezeichnungen wurden rein zufällig gewählt und entsprechen keinen realen Personen. Selbstverständlich möchten wir gender- und herkunftsneutral alle Zukunftsgestalter und -gestalterinnen zu der Lektüre von DesignAgility einladen, die sich für Innovation und Transformation interessieren.

Die folgende Grafik zeigt auf einen Blick, was die Leser in den folgenden Kapiteln erwartet: eine Methode mit acht Phasen, die jeweils aus zwei Schritten bestehen. Sie stellen eine klar definierte Abfolge dar und greifen zum Teil aufeinander zurück.

Der DesignAgility-Prozess wird im Detail in den Kapiteln 1–8 erläutert, begleitet von einem Fallbeispiel, das durch alle acht Kapitel geführt wird. Den Rahmen bilden vier einleitende und vier ausleitende Kapitel am Schluss, die jeweils römisch nummeriert sind (Kap. I–IV und Kap. V–VIII).

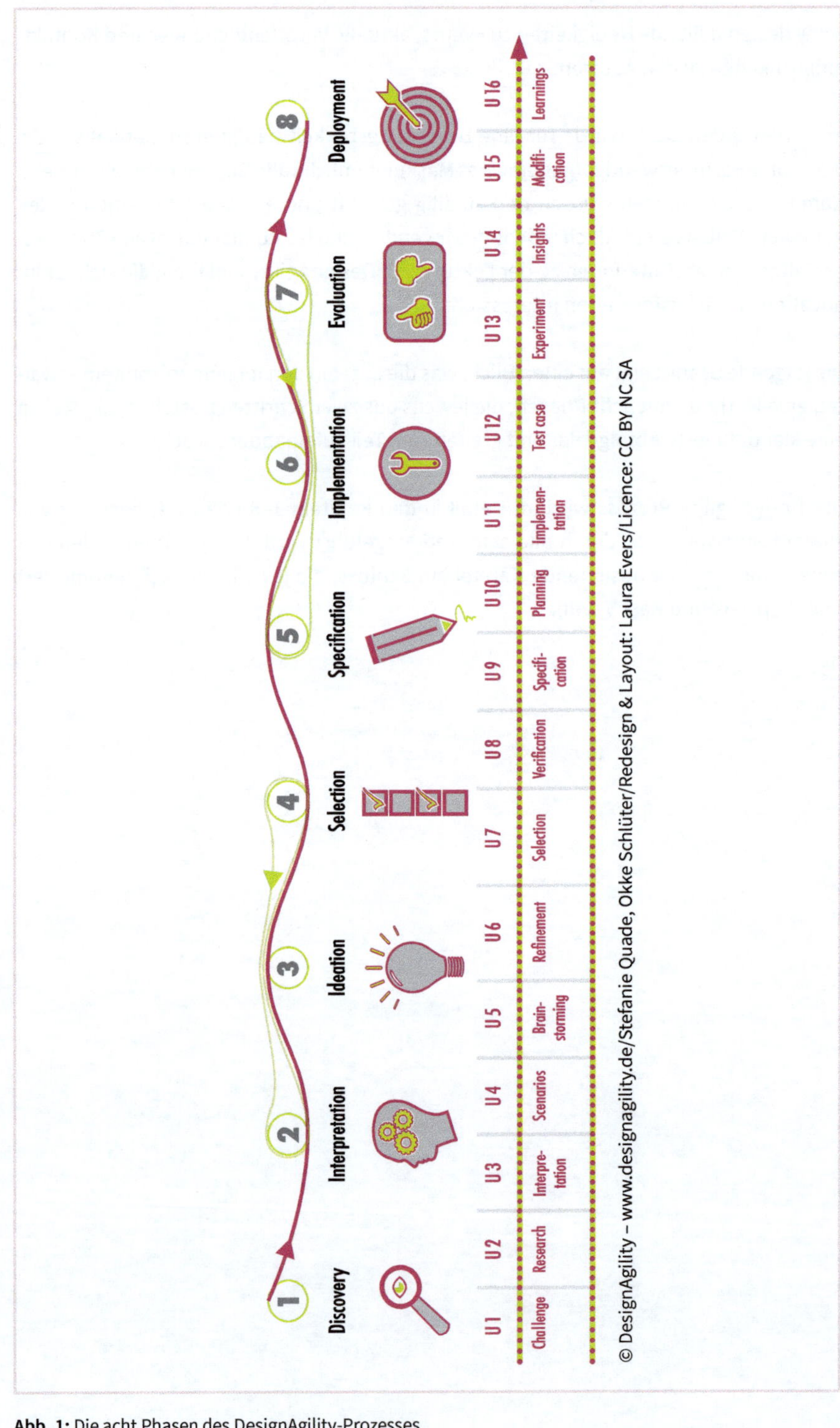

Abb. 1: Die acht Phasen des DesignAgility-Prozesses

Wie hinter fast allen Büchern verbergen sich auch hinter diesem Personen und Unterstützung, für die wir uns in aller Form bedanken möchten. Der Studienkommission für Hochschuldidaktik des Landes Baden-Württemberg danken wir für die finanzielle Förderung des zugrunde liegenden ersten Leitfadens im Jahr 2014. Layout und Grafik von Alena Hof unterstützen das Konzept hervorragend, auch ihr danken wir sehr. Gleiches gilt für die Visual Graphics unserer Persona von Nina Blum (Neef) und die Gestaltung des Cover-Icons durch Jens Nordmann. Nicole Fröhlich danken wir sehr für die kompetente Unterstützung bei den Grafiken. Das Redesign der zum Buch gehörenden Worksheets durch Laura Evers ist ein wertvoller Beitrag, für den wir ihr sehr dankbar sind. Schließlich bedanken wir uns beim Schäffer-Poeschel Verlag Stuttgart für das erneute Angebot zur Veröffentlichung und die seit Jahren gute und vertrauensvolle Zusammenarbeit. Und am allerwichtigsten: Das zweite Buch verdanken wir vor allen Dingen unseren vielen Lesern und Leserinnen und Unternehmen, mit denen wir gemeinsam zahlreiche Transformations- und Innovationsprojekte umsetzen durften. Die permanente Veränderung zu begleiten und das Wissen aus der Anwendung von DesignAgility aus der Praxis hier wieder in einem weiteren Buch zu veröffentlichen macht uns sehr stolz und lässt uns mit Vorfreude auf viele weitere Herausforderungen und Chancen, denen wir gern mit Ihnen begegnen, blicken.

I Für wen ist DesignAgility gedacht?

»They always say time changes things, but you actually have to change them yourself.«
Andy Warhol

Das eigene Angebot immer wieder aufs Neue an den Bedürfnissen der eigenen Zielgruppe auszurichten, ist der Dreh- und Angelpunkt eines jeden marktorientierten Unternehmens. Auch dieses Buch richtet sich konsequent an seiner Zielgruppe aus. Für sie wurde DesignAgility entwickelt, und für sie entstand die neue, erweiterte Auflage dieses Buches. DesignAgility unterstützt alle, die Innovation mit Transformations- oder Veränderungsprozessen zu ihrer Aufgabe gemacht haben.

Solche Tätigkeiten finden sich häufig bei:

- Business Developer*innen,
- Innovationsmanager*innen,
- Transformationsmanager*innen,
- Audience Developer*innen,
- Führungskräften,
- Change Manager*innen.

Entscheidend ist also mehr die eigene Tätigkeit als das Unternehmen, in dem man arbeitet. Innovation, Transformation und Change geschehen überall, die Erwartung an eine konstante Veränderungsfähigkeit der Menschen in Unternehmen wächst stetig. Wir haben einige Menschen mit Tätigkeiten, die diese Veränderungen stark treiben oder begleiten, als beispielhafte Persona für unsere DesignAgility gewählt. Diese Menschen helfen mit, die Zukunft ihres Unternehmens zu sichern – dabei möchten wir sie unterstützen.

Warum DesignAgility? Use-Cases

»Innovationsfähigkeit ist der Schlüssel zu langfristigem Unternehmenserfolg«
(Lead Innovation 2021)

Eine Analyse des Aktienindex Standard&Poor's 500 hat 2021 eindrucksvoll belegt, wie wichtig die Innovationsfähigkeit für das Fortbestehen von Unternehmen ist. Der Begriff Innovation steht hier stellvertretend für Veränderungen, die die Zukunft eines Unternehmens sichern. Neben einer Produkt- oder Serviceinnovation kann das natürlich auch die Anpassung an die Sustainability Development Goals (SDG) oder andere Ziele sein. Führungskräfte sind sich darin einig, dass Innovationsideen künftig aus al-

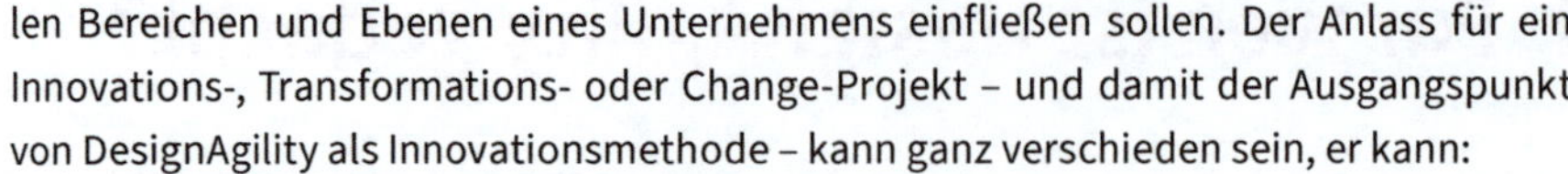

len Bereichen und Ebenen eines Unternehmens einfließen sollen. Der Anlass für ein Innovations-, Transformations- oder Change-Projekt – und damit der Ausgangspunkt von DesignAgility als Innovationsmethode – kann ganz verschieden sein, er kann:

- vom Top-Management initiiert sein,
- aus der täglichen Arbeit einer Abteilung resultieren,
- von Kooperationspartnern oder Absatzmittlern angestoßen werden,
- von den Kunden direkt als Anregung oder Beschwerde übermittelt werden,
- auf Vorschläge anderer Stakeholder zurückgehen oder auch
- durch die digitale Transformation im Markt ausgelöst werden.

All diese Impulse münden in eine ähnliche Situation: Es besteht Handlungsbedarf, der betreffende Impuls wird in ein Ziel überführt, mit dessen Erreichung eine Gruppe von Menschen im Unternehmen beauftragt wird.

Dies kann entweder in Form eines Projektes geschehen, dann wird ein Projektteam damit beauftragt, eine Lösung zu entwickeln. Möglicherweise nimmt eine Person im Team dabei eine führende oder moderierende Rolle ein. Sie sollte dann mindestens ebenso gut mit der Vorgehensweise vertraut sein wie der Rest des Teams. Themen der Zukunftssicherung können aber auch als implizite, kontinuierliche Aufgabe in die Arbeitsweise aller Beschäftigten des Unternehmens integriert werden. Eine strukturierte, aber flexibel anpassbare Methode soll helfen, diese Teamarbeit zu unterstützen, Risiken zu beherrschen und greifbare Ergebnisse zu erreichen.

DesignAgility ist eine für Praktiker entwickelte Innovationsmethode, die bereits vor Erscheinen des ersten Buches 2017 in einer Reihe von Workshops und Projekten erprobt und seitdem kontinuierlich verbessert wurde. DesignAgility bietet dadurch eine praxisnahe Methode, die die Vorteile von Design Thinking, agilem Projektmanagement und Storytelling produktiv miteinander verbindet. Sie hilft konkrete Ziele zu erreichen wie auch einen Bewusstseinswandel im Unternehmen herbeizuführen bzw. zu unterstützen.

Seit 2019 ist DesignAgility durch die englische Auflage auch international im Einsatz. Insbesondere im angelsächsischen Raum findet DesignAgility großen Anklang. Die Erfahrungen aus den Anwendungen in Workshops und Feedback von Teilnehmenden und Leser*innen des Buches sind ebenfalls mit in die vorliegende erweiterte Neuauflage eingeflossen.

Wie? Der Einsatz von DesignAgility

DesignAgility basiert als Methode auf Grundsätzen, die sowohl auf eine »VUKA-Welt« (volatil, unsicher, komplex und ambivalent) zugeschnitten sind als auch die Herausforderungen in der zunehmenden »BANI-Welt« – *brittle* (brüchig), *anxious* (ängstlich, besorgt), *non-linear* (nicht-linear) und *incomprehensible* (unbegreiflich) – aufgreifen. Auf diesen Ebenen versteht sich DesignAgility als Beitrag zu einem strategischen Diskurs zur digitalen Transformation und Zukunftssicherung von Unternehmen und Organisationen.

Parallel ist die Methode auf die konkrete Arbeit in Projekten und Workshops ausgerichtet. Als Ausgangspunkt dient eine Innovationsfrage oder eine Veränderungsaufgabe, die im Design Thinking als Challenge bezeichnet wird. DesignAgility setzt dort an, wo sich Menschen in einem Team zusammensetzen, um nach einer Antwort und Lösung für ein Problem oder eine Herausforderung zu suchen: die Challenge.

Wie nutzen Sie dieses Buch?

- Als systematische Lektüre, um die Grundlagen und Prinzipien der Methode zu verstehen,
- als konkrete Vorbereitung auf ein Innovations-/Change-Projekt und kontinuierliche Innovationsarbeit,
- als Leitfaden während eines Innovationsprojektes bzw. -workshops.

Beim ersten Blick ins Buch empfiehlt sich die chronologische Lektüre. Für den zweiten Aufschlag von DesignAgility kann man mit Kapitel IV beginnen, um sich direkt auf ein Innovationsprojekt bzw. kontinuierliche Innovationsarbeit vorzubereiten. Für alle weiteren Griffe zum Buch mit dem Ziel einer konkreten Anwendung und den direkten Start eines Innovationsprojektes kann man die Kapitel 1–8 zu den Hauptphasen der DesignAgility immer direkt vor und während der Projektarbeit und z. B. innerhalb eines Workshops zurate ziehen. Die konkreten Arbeitsschritte einschließlich der benötigten Hilfsmittel zur Durchführung lassen sich direkt in die Praxis umsetzen.

Es sind nur einige wenige Voraussetzungen zu beachten, damit DesignAgility als Methode greift und brauchbare Ergebnisse zutage fördert (s. dazu Kap. IV »Wie starte ich DesignAgility? Von der Strategie in die Umsetzung«).

Für den Einstieg bieten die Autoren ebenfalls Seminare und Workshops sowie verschiedene Möglichkeiten zur Beratung und Umsetzung zum Thema an, in denen die Methode erläutert und anhand beispielhafter Challenges praktisch angewendet wird. Von kurzen Einstiegsformaten bis hin zur Begleitung und Beratung der ersten Umsetzung Ihrer konkreten Veränderungsvorhaben sind wir jederzeit ansprechbar – bei Ihnen vor Ort oder natürlich auch in virtuellen Settings. Auf der Website www.designagility.de finden Sie alle Informationen und weiterführende Downloads.

Bei allen unterstützenden Angeboten kann es sein, dass DesignAgility von den Anwendern zunächst als andersartig und eventuell etwas fremd wahrgenommen wird. Wie der »Innovationsmonitor« im Jahr 2020 (Lenz et.al. 2020) am Beispiel der Publishingbran-

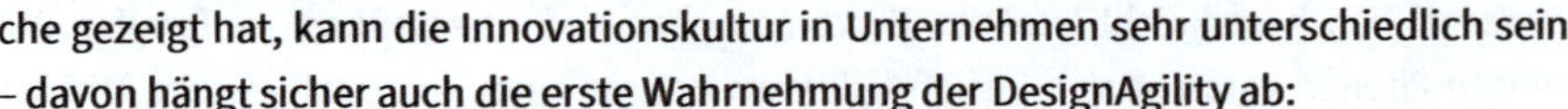

che gezeigt hat, kann die Innovationskultur in Unternehmen sehr unterschiedlich sein – davon hängt sicher auch die erste Wahrnehmung der DesignAgility ab:

- DesignAgility setzt mit der Discovery früher an als andere Innovationsmethoden.
- DesignAgility integriert die Zielgruppe in das Denken über neuartige Produkte und Lösungen.
- DesignAgility kontaktiert die Zielgruppe während eines Innovationsprozesses mehrfach.
- DesignAgility hebt die besonderen Potenziale gemischter Teams.

Wie das Autorenteam selbst feststellen konnte, fördert die Methode im internationalen Vergleich mehr Kundenwissen (»consumer insights«) zutage. Während besonders in Nordamerika beim Design Thinking viel früher mit der Ideengenerierung begonnen wird, ermöglichen Discovery und Interpretation ein »qualifiziertes Brainstorming« mit aktualisierten Personas, Marktdaten und einer Wettbewerbsanalyse aus Sicht der Zielgruppe.

»Sechs Personas stehen beispielhaft für die Vielfalt der Zukunftschaffenden, für die DesignAgility entwickelt wurde«

Abhängig von der etablierten Innovationskultur kann DesignAgility zahlreiche neue Arbeitsweisen enthalten. Um dies für die unterschiedlich ausgeprägten Zukunftsschaffenden zu veranschaulichen, wurden für dieses Buch aktuelle Personas modelliert, die beispielhaft für die Breite und Heterogenität der Zielgruppe stehen. Sie bieten typische Blickwinkel und Interessenslagen, so wie sie dem Autorenteam in zahlreichen Projekten begegnet sind und regelmäßig begegnen. Sie haben demzufolge auch unterschiedliche Innovationsziele, die später präsentiert werden. Eine der Personas (Luca) wird am Ende aller acht Hauptkapitel (Abschnitt »Anwendungsbeispiel«) auch in Form einer Case-Study präsent sein, um die Anwendung der Methode zu illustrieren. Auf den folgenden Seiten werden die einzelnen Personas mit ihren beispielhaften DesignAgility-Challenges kurz porträtiert.

Sechs beispielhafte Personas

Business Developer

Chris, 38 Jahre, arbeitet als Business Developer in einem alteingesessenen Familienunternehmen, das mit 15.000 Mitarbeiter*innen ein Hidden Champion und Weltmarktführer als Anbieter von spezialisierten Wohnmobilen ist. Seine Kernaufgabe besteht darin, neben der Produktsparte ein Dienstleistungsangebot zu entwickeln und zu etablieren. Mit diesem sollen jüngere und flexiblere Zielgruppen bedient werden, die mit einem Wohnmobil Urlaub machen, aber keines besitzen möchten (»Sharing Economy«). Der Wettbewerb, unter anderem Vermietplattformen, wächst stark, die Bestandskunden altern, die Absatzzahlen gehen zurück. Chris braucht deshalb ein Methodenset, das hilft, die Bedürfnisse und das Nutzungsverhalten dieser Zielgruppe besser zu verstehen, um innovative Angebote zu entwickeln, die weggehen von »Ich verkaufe ein Wohnmobil« hin zu »Ich verkaufe einen Service und eine Dienstleistung aufbauend auf unseren Kernprodukten«. Für ihn und das Unternehmen insgesamt ist entscheidend, auch skeptische, bodenständige Mitarbeiter*innen zum innovativen Denken zu bewegen und Innovationen als Dauerbewegung im Alltag zu etablieren.

Innovationsmanager

Laura, 31 Jahre, arbeitet als Innovationsmanagerin in einem E-Commerce-Unternehmen mit 250 Mitarbeiter*innen, das auf Nahrungsergänzungsmittel spezialisiert ist. Das Unternehmen wurde vor 10 Jahren als Start-up mit einem überschaubaren Webshop gegründet und ist umsatzmäßig und personell sehr schnell gewachsen. Jetzt besteht Lauras Mission darin, eine stärker datenzentrierte Customer Journey zu entwickeln und umzusetzen: Die Bedürfnisse der Besucher*innen und der Kund*innen sollen antizipiert werden, um ihnen basierend auf dem ganz individuellen Bedarf an Nahrungsergänzungsmitteln proaktiv passende Paketangebote zu machen. Lauras konkretes Innovationsprojekt soll die User Experience signifikant verbessern sowie Kundendaten DSGVO-konform systematisch erheben und auswerten, um die Kundenbindung an den Shop und das Unternehmen zu stärken und somit den Umsatz zu erhöhen sowie eine Abwanderung zur Konkurrenz zu verhindern. Die letzten Innovationsprojekte waren chaotisch und nervenaufreibend, jetzt möchte Laura die Innovationsprojekte professionalisieren und ressourcenschonende Prozesse etablieren.

Transformationsmanager

Max, 29 Jahre, ist Transformationsmanager in einem Energieunternehmen und mit einer doppelten Herausforderung konfrontiert: Neben der Transformation der Energiemärkte durch den Energiewandel gehen in einigen Jahren die Mehrzahl der Know-how-Träger in den Ruhestand. Die Transformation betrifft einerseits die Angebotsebene, hier wird statt einzelner Energieträger in Zukunft ein Mix aus zukunftsweisenden Energielösungen zum Einsatz kommen, bevor sich eventuell einige wenige Lösungen durchsetzen. Andererseits müssen Unternehmenskultur und Arbeitsweisen für Berufsanfänger*innen aus dem In- und Ausland attraktiv werden – der Fachkräftemangel ist beträchtlich. Die Herausforderungen der internen Transformation von einem traditionellen, eher handwerklichen und produktorientierten Unternehmen hin zu einem sich stets auf die Veränderungen in Markt und Politik anpassenden modernen Energielösungsanbieter sind enorm hoch. Damit konkrete erste Schritte dieser Mammutaufgabe greifen, braucht Max eine Methode und ein Mindset, das alle Mitarbeiter*innen in diesen kontinuierlichen Wandel integriert, damit ein Bezugspunkt und greifbare Lösungen entstehen, an denen sich alle orientieren können.

Audience Developer

Luca, 42 Jahre, ist für das Audience Development eines Dienstleisters für Content Marketing & Storytelling zuständig. Heteronormativität und Genderstereotype sind Luca ein Graus, ein diverses und offenes Arbeitsumfeld hingegen wichtig. Durch die vielfältige Mediennutzung und fragmentierte Zielgruppen müssen Luca und das Team ständig auf dem Laufenden sein und Wege finden, diese heterogenen Zielgruppen der Kunden wirkungsvoll und rentabel zu erreichen. Haben sich die Kolleg*innen im Team mal erfolgreich in eine Zielgruppe hineingedacht, wollen sie sich am liebsten längerfristig auf diese spezialisieren. Da die Kommunikationsbudgets allerdings genauso wechselhaft sind wie die Mediennutzung, muss Luca sehr agile Prozesse einführen, damit sie schnell reagieren können. Luca braucht ebenso sehr eine Art Seismografen, um neue Trends früh wahrzunehmen, wie eine schnelle und ressourcenschonende Innovationsmethode, um Konzepte frühzeitig zu testen und anbieten zu können. Die »Immersion« in die Situation und Anforderungen der (End-)Kund*innen spielen gerade in dem sich schnell wandelnden Content-Marketing-Geschäft eine entscheidende Rolle, um in ihrem Geschäft als Dienstleister erfolgreich zu sein. Audience Development beinhaltet dabei, dass neue Zielgruppen und Bedürfnisse nicht nur erkannt, sondern aktiv entwickelt werden. Luca muss neben dem Verstehen der Märkte und Kunden stets alle neuen Technologien rund um die Content-Marketing-

Erstellung und -Distribution im Blick haben. Mit DesignAgility erfassen Dienstleister die Zukunftstrends und -technologien systematisch und sind ihren Kunden somit immer eine Naselänge voraus. Sie können so die optimale Anwendung sowie Chancen und Risiken diverser Tools in ihrer Beratung für die neue Kommunikationsstrategie integrieren.

CEO Mittelstand

Oliver, 37 Jahre, ist als CEO Vorsitzender der Geschäftsführung eines mittelständischen Softwareunternehmens. Von Hause aus selbst Softwareentwickler, hat sich Oliver als Gründer wegen des rasanten Wachstums irgendwann auf das Management verlagert. Die Ausgründung aus Olivers früherem Arbeitgeber ist innerhalb weniger Jahre von 5 auf 80 Mitarbeiter*innen gewachsen. Mit ihrer Lösung Software-as-a-Service konnten sie in den letzten Jahren überzeugen und sich im Markt etablieren. Jetzt ist es wichtig, die richtigen Weichen zu stellen und ihr Produkt so anzupassen, dass ihre Softwarelösung für eine breite Masse zugänglich wird. Oliver braucht ein Vorgehen, das alle gleichermaßen nutzen können, sodass sie bei der Skalierung und dem Ausbau ihrer Software und des zugehörigen Serviceprozesses keine Reibungsverluste erleiden werden. Mittlerweile ist Oliver an den Innovationen nicht mehr selbst beteiligt, aber muss als Führungskraft die innovativen Teams steuern. Gerade weil er nicht mehr so tief in den Themen steckt, braucht er ein Framework mit Eckpunkten und Zielgrößen, über die er mit dem mittleren Management kommunizieren kann. Für Oliver als CEO ist es eine Herausforderung, die richtigen Leute zu finden, mit denen er das Wachstum gestalten kann. Da die Firma in den nächsten 3 Jahren weiter wachsen möchte mit dann circa 250 Mitarbeiter*innen, ist Innovation das wichtigste strategische Ziel und für Oliver als CEO die oberste Priorität. DesignAgility hilft Oliver, da seine Führungskräfte mit den Teams ein einheitliches methodisches Vorgehen nutzen können, das ihnen eine **hohe** Innovationskraft im hart umkämpften Softwaremarkt ermöglicht. Gleichzeitig kann er sich als CEO auf die Arbeit am statt im Unternehmen konzentrieren und über sein mittleres Management die Innovationsparameter verfolgen.

Change Manager

Lisa, 52 Jahre, hat ursprünglich Psychologie studiert und sich mittlerweile auf Change Management spezialisiert. Sie hat als freie Beraterin Einblicke in vielfältige Veränderungsprojekte erhalten. Von dieser Erfahrung profitiert sie immer wieder in den Organisationen, mit denen sie zusammenarbeitet. Bei ihrem aktuellen Auftrag hat ihr Kunde aus dem Finanzsektor ein großes internes Projekt, bei dem Lisa als Change-Begleiterin die Projektleiterin bei Einführung eines neuen Learning-Systems sowohl an den deutschen als auch an den internationalen Standorten begleitet. Lisa weiß, dass diese Art von Projekten häufig daran scheitert, dass wichtige Stakeholder und die Bedürfnisse der Endnutzer*innen nicht ausreichend integriert werden. Wegen der nationalen Gesetzgebung ursprünglich dezentral angelegt, werden die Standorte jetzt stärker zentral geführt und Prozesse soweit wie möglich und sinnvoll vereinheitlicht. Die gesetzlichen Regulierungen führen zu einer hohen inhaltlichen Dynamik, alle Mitarbeiter*innen müssen sich ständig weiterbilden, um auf dem Laufenden zu bleiben. Zudem soll nun Wissen zwischen den Standorten ausgetauscht werden, um Best Practices zu identifizieren und Synergien zu nutzen. Lisa wird als Change Managerin vor allem eine interne E-Learning-Plattform (LXP) aufsetzen, mit der die individuelle Wissensaneignung und -aktualisierung wie auch das Knowledge-Management entscheidend verbessert werden sollen. Die Akzeptanz der Stakeholder und der Mitarbeiter*innen ist ungeachtet der kulturellen Unterschiede spielentscheidend, damit sich die enorme Investition lohnt und schnell wirksam wird. Wenn der eigentliche Change-Prozess auf der Erfolgsspur ist, wird sich die Softwareplattform aber dauerhaft in regelmäßigen Zyklen anpassen müssen. Um dieses Lernsystem optimal auf alle Mitarbeiter*innen an den verschiedenen Standorten zuzuschneiden, braucht Lisa eine Innovationsmethode wie DesignAgility, die kundenzentriert, agil und iterativ vorgeht.

Wo stehen Strategie und Innovationskultur in Ihrem Unternehmen?

Um den eigenen Ausgangspunkt zu bestimmen und sich passende Ziele zu setzen, muss man sich zu seiner Branche und seinem Wettbewerbsumfeld in Beziehung setzen. Eine Studie der Bertelsmann Stiftung hat 2023 insgesamt *sieben verschiedene Innovationsmilieus* herausgearbeitet (Bertelsmann 2023, https://pub.bertelsmann-stiftung.de/innovative-milieus):

1. Technologieführer,
2. disruptive Innovatoren,
3. kooperative Innovatoren,
4. konservative Innovatoren,
5. passive Umsetzer,
6. zufällige Innovatoren,
7. Unternehmen ohne Innovationsfokus.

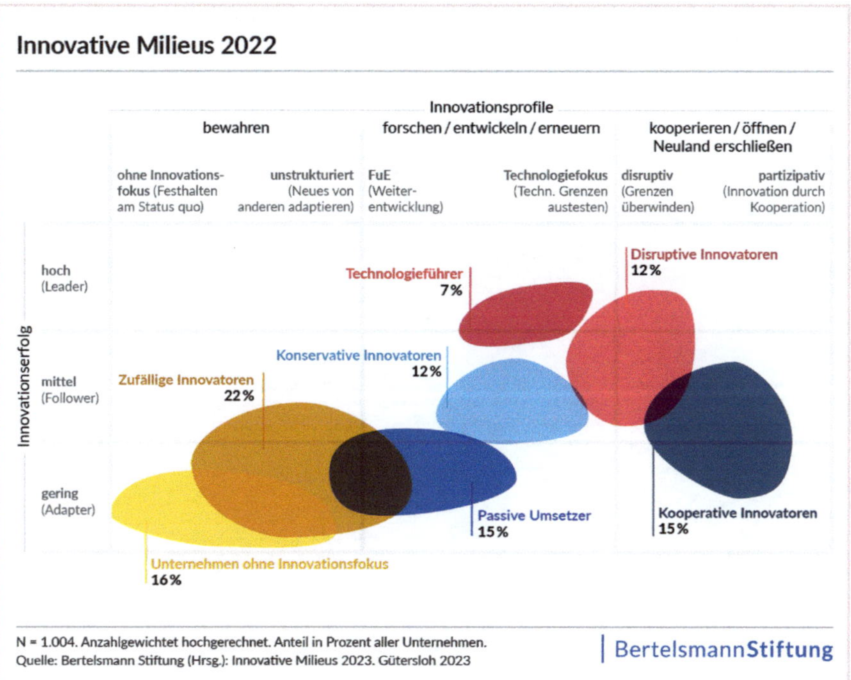

Abb. 2: Innovationsmilieus in deutschen Unternehmen 2022 (Quelle: Bertelsmann 2023)

Auch die oben beschriebenen Personas haben ganz unterschiedliche Innovationskulturen vorgefunden und sich entsprechende Ziele gesetzt. Dies unterstreicht, dass ein Innovationsmilieu nichts Statisches ist, sondern sich im Zuge eines Change-Prozesses verändern kann. Dabei ist eine Position rechts oben in der Matrix nicht um jeden Preis anzustreben, denn nicht alle Unternehmen eignen sich für Innovationsführerschaft und Disruption.

Wie man anhand dieser Klassifizierung sieht, geht es dabei weniger um Wettbewerbsvorteile in einzelnen Segmenten, sondern um das Selbstverständnis des Unternehmens oder das Mindset der Belegschaft. Hier setzt auch die DesignAgility an: Neben der konkreten Projekt- oder Innovationsarbeit soll die Methode helfen, Ihr Unternehmen in die beiden oberen Kategorien »Technologieführer« oder »disruptive Innovatoren« weiterzuentwickeln. Hier schließt sich der Kreis zum Anfang dieses Kapitels: Nur mit einer klaren Innovationsagenda sichern Sie die Zukunft Ihres Unternehmens, die Arbeitsplätze und auch die Freude an der alltäglichen Arbeit.

Im folgenden Kapitel II erklären wir Ihnen zunächst, welcher Arbeitsweisen sich die DesignAgility als Methode bedient und warum wir diesen Cocktail aus Arbeitsweisen genau so abgemischt haben.

II Was steckt hinter DesignAgility?

»If you want something new, you have to stop doing something old.«
Peter F. Drucker

Die Begriffe *digitale Transformation* und *Innovation* sind Buzzwords – doch den wenigsten Unternehmen gelingt es nach wie vor, eine echte Innovationskultur zu etablieren. Der Wunsch nach Neuerungen ist groß, doch der Schritt zur Marktakzeptanz und Geschäftsmodellrealisierung riesig. Wie lässt sich diese Lücke schließen? Wie lässt sich die praktische Handhabbarkeit mit theoretischen Konzepten vereinen?

DesignAgility bietet einen Lösungsansatz, die der Erstellung und Erprobung von *Prototypen* dient. Ziel ist es, testbare Produkte und Services in kollaborativer, kreativer Arbeitsweise und kurzer Zeit zu generieren, um die Innovation oder das Transformationsvorhaben frühzeitig – sowohl intern bei Change-Projekten als auch extern im Markt – zu prüfen. Da DesignAgility gleichermaßen von allen Innovatoren und Change Makern einsetzbar ist, erweitern die Beteiligten ihre Kompetenzen, um die Transformation und ihre Innovationen systematisch und aktiv zu gestalten.

Im Folgenden wird der theoretische Methodenmix, der hinter DesignAgility steckt, im Detail aufgezeigt. Durch den didaktisch aufbereiteten, modularen Aufbau bietet DesignAgility eine Anleitung für alle, die die etablierte Innovationsmethode *Design Thinking in einer angereicherten, optimierten Form* nutzen möchten: kombiniert mit Umsetzungselementen des agilen Projektmanagements und Erzählmethoden aus dem (Visual) Storytelling zur Generierung von innovativen Geschäftsmodellen.

Wie ist DesignAgility entstanden?

Was hat uns Autoren dazu bewogen, dieses Buch zu schreiben? Das vor Ihnen liegende Buch ist nach mehr als 10 Jahren Zusammenarbeit von uns, Okke Schlüter und Stefanie Quade, entstanden. Wir haben in Unternehmen zahlreiche Innovations- und Transformationsprojekte geleitet und mitgestaltet. Zudem unterrichten wir beide an Hochschulen für angewandte Wissenschaften. Dadurch verzahnen wir Transitions- und Innovationswissenschaften sowie Forschung direkt mit der Anwendung in der Praxis in Unternehmen. Wir haben einige Unternehmen schließen, gleichzeitig jedoch viele neue Ideen und Geschäftsmodelle sprießen sehen und wissen durch die Leitung von Projekten in Unternehmen, wie sehr der Handlungsdruck einerseits und interne organisatorische Einschränkungen andererseits Innovationen oder innovative Herangehensweisen im Rahmen der Transformation erschweren.

Daher haben wir uns gefragt, welche Möglichkeiten es gibt, dieses Dilemma zu lösen: Wie analysieren wir erst einmal den Kern des Problems? Wie entwickeln wir Ideen und validieren diese fundiert und schnell, um neue Geschäftsmodelle zu generieren und notwendige Veränderungen durch die Transformation zu gehen, ohne viel Geld und Zeit zu riskieren? Wie können wir anwendungsorientiert technische Neuerungen ausprobieren und prüfen, ob sie sich in die internen bestehenden Strukturen integrieren lassen?

Diese Fragen haben uns zusammengebracht und gemeinsam nach Lösungen suchen lassen. Nach einem gemeinsamen Praxisprojekt ist eine Prototypentwicklung aus einer Unternehmens-/Hochschul-Kooperation heraus entstanden. Der Prototyp wurde nach erfolgreichem Test mit dem Kunden im Anschluss weiterentwickelt und zur Marktreife gebracht. Parallel wurde DesignAgility in weiteren Innovationsprojekten an Hochschulen und in Unternehmen erprobt und verfeinert.

Das erste DesignAgility-Buch ist im Jahr 2017 erschienen und 2019 in Englisch neu überarbeitet im internationalen Markt publiziert worden. Wir haben das Buch in erster Linie geschrieben, um kleinen und mittleren Unternehmen das Denken in Innovationen zu ermöglichen und durch die didaktisch kleinschrittige Anleitung Innovationsvorhaben selbst anzupacken, denn häufig gibt es weder eine eigene Innovationsabteilung noch ein Budget für eine externe Agenturbeauftragung.

Abb. 3: Das immer selbe Denken führt zu den immer selben Ergebnissen (Quelle: iStock).

Mit DesignAgility haben wir einen methodischen Ansatz geschaffen, der sowohl auf bestehenden, gut funktionierenden Verfahren aufbaut als auch leicht verständlich und in jeder Branche anwendbar ist. Unser Ziel ist es, neue Lösungen mithilfe einer neuen Denkweise und eines ganzheitlichen Ansatzes zu erzeugen, der die Innovationskultur bei Innovatoren und Veränderern fördert (Abb. 3).

Wann eignet sich DesignAgility?

Sicher kennen Sie diese Situation: Sie wissen, dass Sie in Ihrem Unternehmen etwas ändern müssen, um eine Innovationskultur zu schaffen, wissen aber nicht so recht, wie Sie starten sollen oder was sich eignet, um loszulegen. Sie haben viele Ideen im Kopf, brauchen aber einen strukturierten und gleichzeitig kreativen Weg, um die Idee greifbar zu machen. Sie möchten neue Wege gehen, um die Veränderungsvorhaben nachhaltig im Team zu gestalten. Sie haben vielleicht bereits Weiterbildungen zum Thema Innovationen besucht, Ihnen fehlte dabei aber oft der Bezug zur Praxisebene

Um den dynamischen Anforderungen in der Transformation gerecht zu werden, geht DesignAgility auf die Spezifika von Innovations- und Transformationsvorhaben ein. Damit erhalten Sie eine praxiserprobte und gleichzeitig auf wissenschaftlich fundierten Methoden basierende Handlungsempfehlung für Ihr nächstes Projekt.

DesignAgility eignet sich,

- um in kurzer Zeit testbare Prototypen zu kreieren, auf deren Grundlage eine Weiterführung in ein Umsetzungsprojekt ermöglicht werden kann;
- um nutzerzentriert neue Technologien »erfahrbar« zu machen;
- um Innovationen und Transformationen auf Machbarkeit und Integration in bestehende Prozesse zu überprüfen.

Wichtig ist die Ausrichtung aller Prozesse und Entscheidungen auf die Nutzerperspektive. Alle Gestaltungseinheiten von DesignAgility erfolgen somit aus Sicht des Kunden. Ausgangsbasis hierzu ist das Human-centered Design, das im folgenden Abschnitt kurz erläutert wird.

Ausgangsbasis: Der Nutzer im Mittelpunkt

Human-centered Design (HCD) ist angelehnt an User-centered Design, das die Entwicklung von neuen Technologien auf den Nutzer abstimmt und die Bedürfnisse des Menschen ins Zentrum stellt. David Kelley, der Gründer von IDEO (Kelley 2024), hat diesen Ansatz entwickelt, bei dem es ihm neben dem Schaffen von Produkten nach den Bedürfnissen von Anwendern vor allem darum ging, das kreative Potenzial von Menschen und Organisationen zu entfalten, um kontinuierlich Innovationen zu generieren.

Human-centered Design (Kelly 2024) ist eine Arbeitsweise, die ein Prozessmodell und Methoden umfasst. Der Kunde wird befragt und beobachtet, um die expliziten und unausgesprochenen Bedürfnisse in Erfahrung zu bringen. Daraus ergeben sich neue Chancen und Innovationsfelder, für die Ideen entwickelt werden. Anschließend werden diese Ideen aus der wirtschaftlichen und organisatorischen Perspektive beleuchtet (Rentabilität? Umsetzbarkeit in der Organisation?). Abb. 4 zeigt die Anwendung dieser drei Aspekte (Desirability, Feasibility, Viability) aus dem Human-centered-Design-Ansatz, der in DesignAgility immer wieder in einem iterativen Prozess durchlaufen wird, um die Wirtschaftlichkeit und Umsetzbarkeit rund um die Medieninnovation für den Nutzer stets im Blick zu haben.

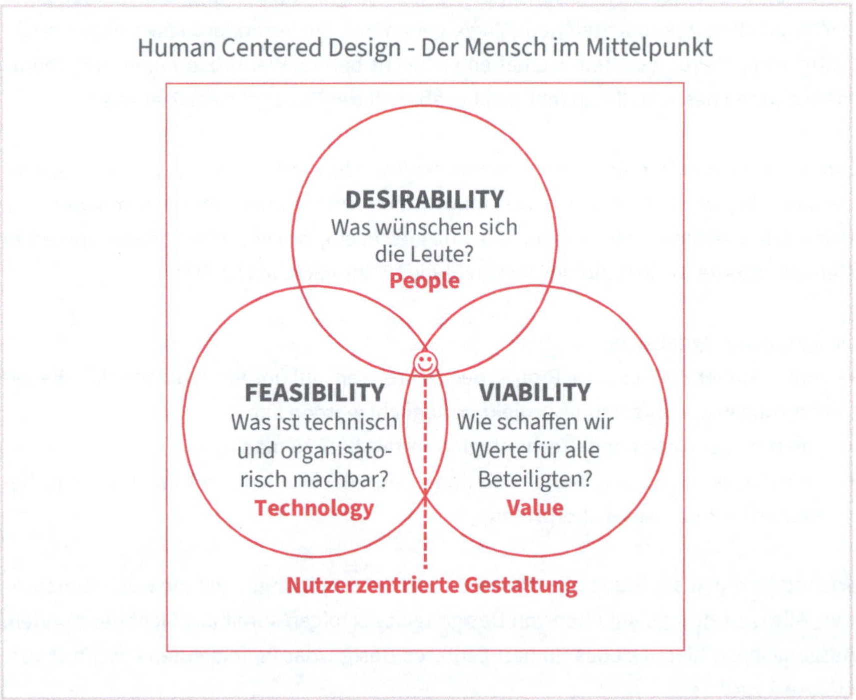

Abb. 4: Der Mensch im Mittelpunkt der nutzerzentrierten Gestaltung

Worauf basiert DesignAgility?

In Zeiten dynamischer und radikaler Änderungen durch die Digitalisierung und Transformation aller Branchen ist es umso wichtiger, Menschen in Organisationen, die mit Innovation und Transformation beauftragt sind, auf entsprechende leitende und operative Aufgaben vorzubereiten. Innovationsmethoden leisten einen wichtigen Beitrag zum Erfolg, denn sie bieten die nötigen Grundlagen, um den Herausforderungen in den Unternehmen mit erweiterten Kompetenzen zu begegnen.

Ausgehend vom Human-centered Design haben wir nach Ansätzen gesucht, die sich nach diesem Prinzip richten und sich für den praxisnahen Innovationsprozess eignen. Design Thinking (Brown 2009) hat sich als branchenunabhängige Methode in den vergangenen Jahren bewährt.

DesignAgility passt die Methode an die speziellen Anforderungen insbesondere für kleine und mittlere Unternehmen an. Für DesignAgility wurden daher methodische Grundlagen aus dem *Design Thinking* als Innovationsmethode mit Ansätzen aus dem *agilen Projektmanagement* als Umsetzungsmethode verknüpft. Die Verwendung von User Stories, die die Anforderungen aus Kundensicht beschreiben, wird kombiniert mit *visuellem Storytelling* als Darstellungsform. Weg von überlagerten PowerPoints – hin zu einer spontan improvisierten, aber gleichzeitig durch eine Erzählstruktur klaren Präsentation der Ergebnisse aus Nutzersicht. Visuelles Storytelling bietet hier eine fabelhafte Grundlage, um auch als zeichnerisch unbegabte Person Ideen in Worte und Bilder zu fassen.

Die Kombination dieser drei methodischen Grundlagen (Abb. 5) nutzt DesignAgility dazu, eine didaktisch optimierte Anleitung für das Prototyping anzubieten. Hierdurch wird gewährleistet, dass Innovatoren gezielt und organisiert Prototypen erstellen und gleichzeitig die Innovationsfähigkeit und Kreativität im Team ihr volles Potenzial entfalten können. Zudem erhalten Sie als Leser und Anwender von DesignAgility einen Einblick in drei Themenfelder, die in Kombination entscheidend zu Ihrer Kompetenzerweiterung und zu einer praxisnahen Anwendung im Unternehmen beitragen.

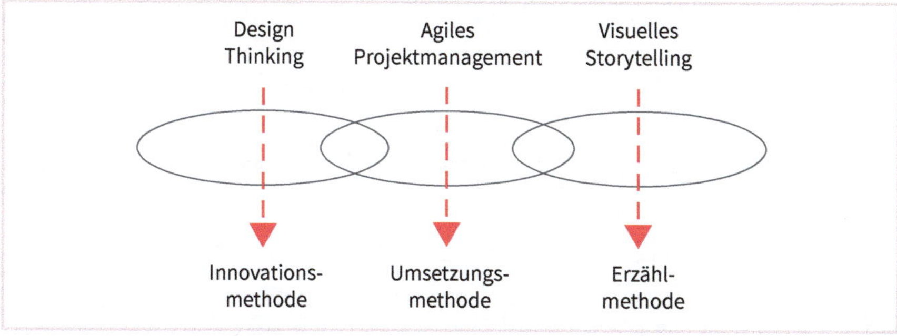

Abb. 5: DesignAgility kombiniert das Beste aus bewährten Methoden

Design Thinking

Ausgehend vom »Designen«, also »Gestalten« in kleinen Teams von Architekten und Designern, hat sich Design Thinking schon seit vielen Jahren zu einer Vorgehensweise entwickelt, mit der identifizierte Probleme durch die Gestaltung von Prototypen gelöst werden. Das Design Thinking wurde erstmals in der d.school an der Stanford University in den USA gelehrt. In den letzten Jahren haben es bereits zahlreiche Universitäten in ihr Curriculum übernommen, wie z.B. das Hasso-Plattner-Institut in Potsdam, die Hochschule der Medien Stuttgart oder die Universität St. Gallen. In Firmen wird es für das Innovationsmanagement, für kreative Prozesse und zur Steigerung der Wettbewerbsfähigkeit eingesetzt. Seit Langem schon gilt dieser in der Praxis erprobte und wissenschaftlich erforschte Ansatz als anerkannt und in der Entwicklung von Innovationen als führend. Im Mittelpunkt steht die Bedürfniserforschung der Nutzer gemäß dem Zitat von Henry Ford: »If I had asked people what they wanted, they would have answered faster horses!«

Im Design Thinking arbeiten möglichst interdisziplinäre Teams an der Gestaltung einer nutzerzentrierten Produktlösung. Hierbei gelten stets folgende Grundvoraussetzungen für die Eignung der Anwendung von Design Thinking:

- Nutzer im Mittelpunkt,
- hohe Komplexität der Aufgabe,
- Lösungsweg unklar,
- volatiles Marktumfeld.

Klassische Design-Thinking-Anleitungen sind in drei bis sechs Schritte unterteilt. An der School of Design Thinking am Hasso-Plattner-Institut (HPI) wird die Aufteilung des Design-Thinking-Prozesses z.B. in die sechs Schritte *verstehen, beobachten, Sichtweisen definieren, Ideen finden, Prototypen entwickeln* sowie *testen* unterteilen. Zentral ist die Unterscheidung der Schritte in einen Problemraum und einen Lösungsraum, bei dem eine ungewisse Ausgangslage und viele Fragen zur Klärung in einem iterativen Prozess zu einem gestalteten, greifbaren Ergebnis führen.

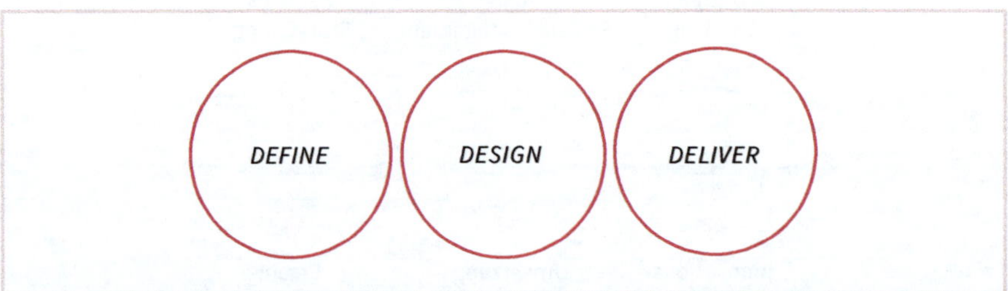

Abb. 6: Design Thinking – Hauptbereiche

Zusammengefasst steht also immer eine Innovation im Mittelpunkt, die erschaffen wird (Design), deren Kernbestandteile untersucht und definiert (Define) werden und die am Ende (Teil-)Lösungen liefert (Deliver).

Wir haben daher diese drei Hauptbereiche des Design Thinking, *Define, Design, Deliver*, als Ausgangsbasis für unsere Überlegungen zur Definition der Anforderungen einer methodischen Anleitung für die Schaffung von Innovationen genommen. Das Designen der Innovation steht im Mittelpunkt, dann wechseln sich Define- und Deliver-Phasen ab. D.h., nach jeder Phase, in der etwas entdeckt, gebrainstormt, spezifiziert oder erfragt wird, folgt ein Schritt, in dem ein vorzeigbares Ergebnis – eine Teillösung – vorliegt. An dieser Stelle kann die Innovation vorgestellt, geprüft oder auch abgebrochen werden. Dieser Ansatz der sogenannten *Deliverables* wurde der agilen Projektmanagementmethode entnommen (s. folgenden Abschnitt).

Die Vorteile dieser Vorgehensweise liegen auf der Hand: Die Iterationen gewährleisten eine nutzerzentrierte Gestaltung der Innovation, an der zudem die Wirtschaftlichkeit und Umsetzbarkeit an jedem dieser *Deliver-Touchpoints* überprüft wird. Der Prozess ist nicht rein linear, sondern durchläuft mehrere Schleifen. Beim Design Thinking an sich handelt es sich eher um ein sogenanntes *Framework* als um einen Prozess, in dem Kundennutzen, Ideen und wirtschaftliche Tragfähigkeit ganzheitlich den Menschen in den Mittelpunkt stellen.

Alle Schritte sind iterativ miteinander verbunden und prüfen insbesondere immer wieder die Zustimmung durch den Nutzer. Rein praktisch gelingt dies durch Gespräche mit dem Nutzer und die Beobachtung seines Verhaltens. Dies wird in allen Phasen der DesignAgility immer wieder durch direkte Befragungen, Tests und Ausprobieren durch den Nutzer gewährleistet. Eine weitere Möglichkeit ist die Betrachtung aus Sicht der Nutzerperspektive. Letzteres ist häufig entscheidend, da Nutzer sich Innovationen vielfach nicht vorstellen können oder sich anders verhalten, als sie in Befragungen äußern (Brown 2008).

DesignAgility baut auf diesen drei Hauptbereichen *Define*, *Design*, *Deliver* auf und ist in acht Schritte (S1–S8) unterteilt, in denen Define- und Deliver-Phasen sich in dieser Logik abwechseln und der Prototyp mit jedem Schritt weiter designt wird). Diese Schritte sind jeweils in zwei Untereinheiten mit konkreten Workshopanleitungen angereichert, die in den Kapiteln 1 bis 8 dieses Buches detailliert aufgeführt werden. Die didaktische Aufbereitung in 16 Untereinheiten ermöglicht eine Durchführung in flexiblen Zeitabschnitten, die jeweils zu Teilergebnissen führen und insbesondere nach den Deliver-Schritten vorgestellt und weitergeführt oder aber gestoppt werden können. Das Produkt bzw. der Service aus Sicht des Nutzers ist stets Dreh- und Angelpunkt des DesignAgility-Prozesses.

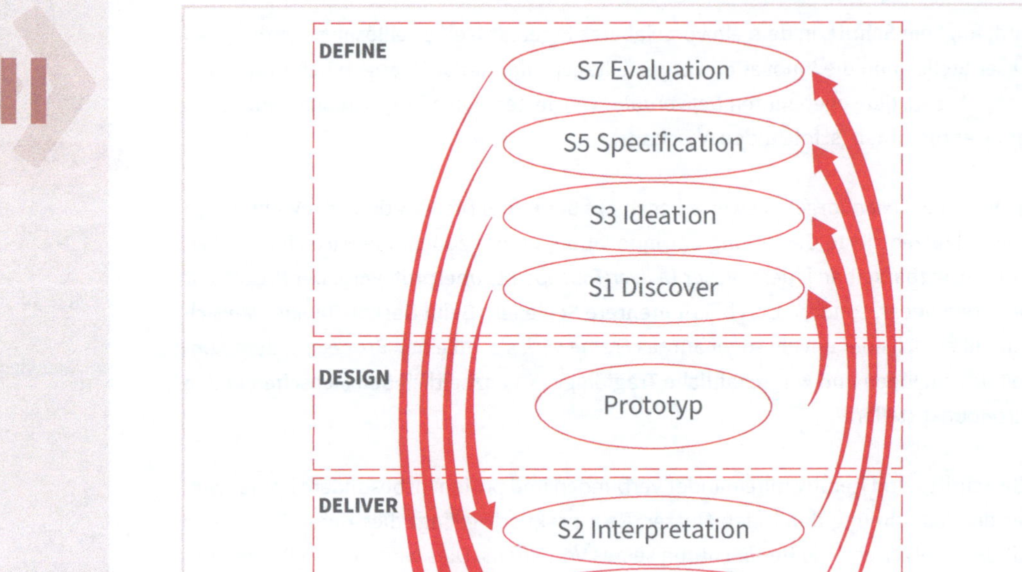

Abb. 7: DesignAgility-Modell

Agiles Projektmanagement

Um den DesignAgility-Prozess praktikabel und handhabbar zu gestalten und flexibel in den bereits bestehenden Workflow zu integrieren, haben wir darauf geachtet, bei allen 16 Untereinheiten ergebnisorientiert vorzugehen. So wird je Arbeitsschritt genau ein Ergebnis dokumentiert, das dann im Anschluss wieder verwendet oder bearbeitet wird und schließlich zu einem Gesamtergebnis, dem auslieferbaren Prototypen, führt. Rückgriffe, die durch die Iterationen ermöglicht werden und gewünscht sind, werden sich so immer wieder um die Arbeits(teil)ergebnisse drehen.

Hier bedient sich DesignAgility bewährter Methoden aus dem agilen Projektmanagement. Im Vergleich zur Wasserfallmethode, die aus der industriellen Produktion stammt und bei Änderungen sehr unflexibel reagiert, werden die Arbeitseinheiten *Sprints* bei der agilen Methode Scrum so gesetzt, dass jederzeit ein Shippable Product am Ende eines jeden Sprints entsteht (Pichler 2009). Agile Projektarbeit zeichnet sich durch ein iteratives Vorgehen und die Orientierung an agilen Werten aus, wie sie z.B. im agilen Manifest (agilemanifesto.org) beschrieben sind. *Individuals, Interactions and*

Collaboration – also das Zusammenspiel der Menschen – stehen hier im Vordergrund vor der Technologieentwicklung. Um die Zwischenergebnisse in klaren Verantwortlichkeiten, aber ohne Einschränkung der Kreativität zu gestalten, fließen daher Scrum-Methoden in DesignAgility ein. Damit das Team von Beginn an in festen Deliverables, als präsentier- und testbaren Ergebnissen, denkt und arbeitet, verwenden wir Auszüge aus Scrum als agiles Projektmanagement.

»Sprints fassen Aufgabenpakete für den Prototyp zu einer bestimmten Deadline zusammen.«

In einem Sprint-Projekt werden die Produktanforderungen im sogenannten *Product Backlog* gesammelt Für eine gewisse Zeiteinheit wird ein Teil der Anforderungen zur Umsetzung geplant (*Sprint Planning*), dieser Teil fließt in das *Sprint Backlog*. Eingebettet in unsere DesignAgility werden die einzelnen Teams darüber entscheiden, wie sie ihr Product Backlog füllen (Was brauchen wir alles, um unseren Prototypen herzustellen?) und in welchen Sprint-Einheiten («Potentially Shippable Products«) sie dies erarbeiten.

Abbildung 7 zeigt den typischen Ablauf eines agilen Scrum-Prozesses. Die Iterationen bieten eine Überarbeitung der Sprint-Einheit bis zur Auslieferung des jeweiligen Sprint-Teilergebnisses. Der hier gezeigte Daily Sprint – eine Abstimmung darüber, wer innerhalb des Sprints was als Nächstes bearbeitet – kann z. B. während eines 16-wöchigen Projekts im kurzen wöchentlichen Austausch (im Unternehmen vor Ort oder in virtuellen Set-ups) vereinfacht und transparent für alle kommuniziert werden. Fragen können hier direkt im Team geklärt werden. Das Team entscheidet, wie oft es gemeinsam kommuniziert.

Wichtig ist, dass darüber im Vorfeld eine Übereinkunft getroffen wird und das Team sich an diese Vereinbarungen hält. Hierbei wird stets darauf geachtet, dass jedes Sprint-Ergebnis für sich genutzt werden kann. Das Gesamtziel des Prototyps kann aber erst durch ein Zusammenspiel aller Beteiligten erreicht werden. Hier erfolgt also die geordnete Herangehensweise an die Umsetzung des Prototyps. In allen Phasen, in denen kreative Ideen und Lösungen erarbeitet werden, folgt ein Entscheidungsprozess zur Umsetzung bis zur nächsten Phase. Durch das Backlog gehen keine Elemente verloren, es kann jederzeit ein Rückgriff erfolgen.

Abb. 8: Agiles Projektmanagement in Anwendung (Quelle: fotolia)

(Visuelles) Storytelling

Menschen lieben Geschichten! Visuelles Storytelling lässt abstrakte Daten zu Geschichten werden. Statt einer reinen Aneinanderreihung von Daten oder zeitraubenden Präsentationen wird in DesignAgility für die Ergebnisse eine Präsentationsform vorgeschlagen, die zum einen die Nutzerperspektive klar hervorhebt und zum anderen dem Publikum die Möglichkeit gibt, Teilergebnisse immer im Gesamtkontext zu verstehen. Dies ist etwas, das den Teilnehmern nach ein, zwei Übungen in Fleisch und Blut übergeht. Sie werden in kürzester Zeit lernen, Ideen direkt als Bilder zu skizzieren, und bei der Vorstellung der Ergebnisse diese Bilder in einem Gesamtkontext sprechen lassen. Narrationen helfen, komplexe Inhalte einfach zu erklären. Gleichzeitig ist es wichtig, durch eine Handlungsabfolge Emotionen und Verständnis beim Zuhörer zu erzielen. In DesignAgility werden in vielen Phasen verschiedene Ausprägungen und Vorlagen aus dem Storytelling angewendet.

Dabei empfiehlt DesignAgility, folgende *Storytelling-Prinzipien* zu berücksichtigen (Anwendungsbeispiele finden sich in den acht Hauptphasen):

- Jede Geschichte benötigt einen guten Anfang sowie jeweils ein guter Mittelteil und Ende! Die Einleitung bettet den Kontext ein (Situation, Problem aus Nutzersicht), im Mittelteil werden Details zur Lösung erläutert, das Ende schließt mit einer Kernbotschaft.

- Kenne dein Publikum! Ob Sie kurz im Team etwas präsentieren, bei dem jeder den Prozess mitgemacht hat, oder vor Ihren Stakeholdern eine Entscheidung einholen möchten – immer berücksichtigen Sie das Vorwissen Ihres Publikums.
- Nutzen Sie ein Storyboard aus Work Sheets (www.designagility.de)! Durch diese standardisierten Vorlagen können Sie je nach Deliverable die Erzählstruktur füllen, und das Publikum erhält einen strukturierten Erzählfluss.
- Verwenden Sie leicht verständliche Bilder statt Worte, und skizzieren Sie Ihre Ideen!
- Nutzen Sie Elemente aus dem Improvisationstheater: Bauen Sie Ihre Story positiv auf und nehmen als Anker die zuvor erstellten Bildelemente.

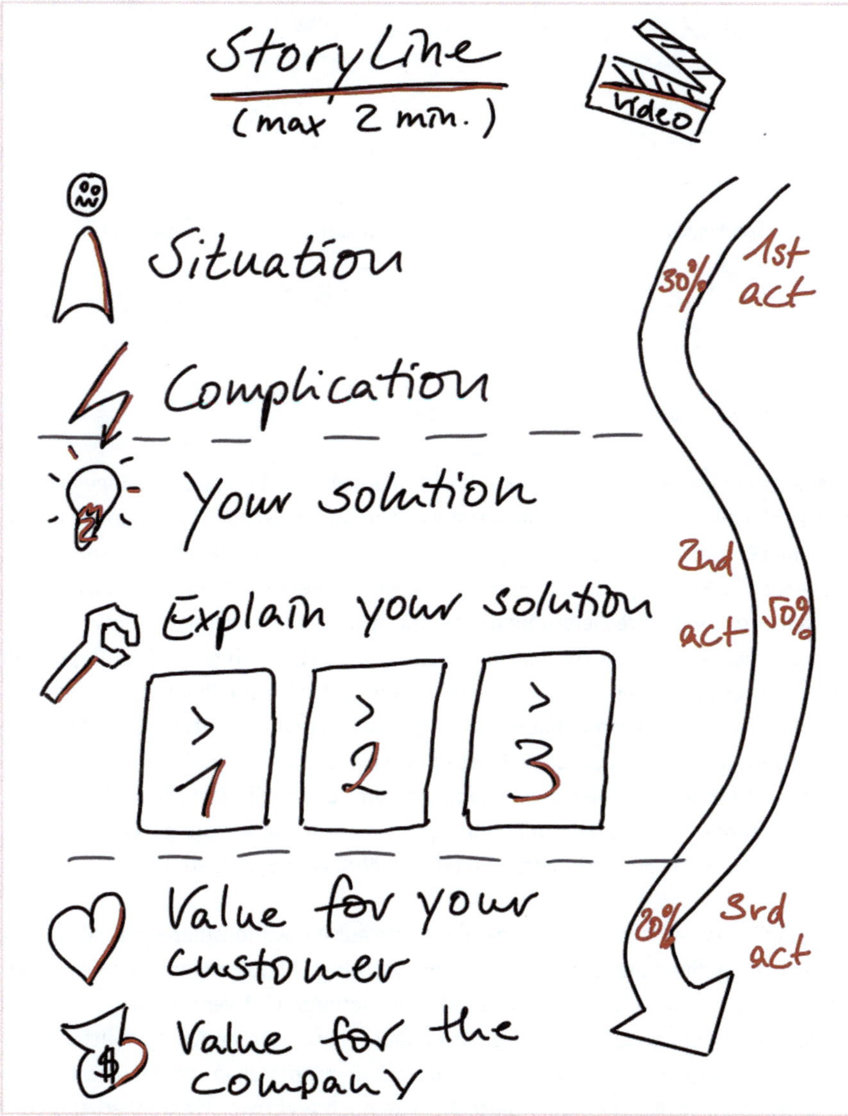

Abb. 9: Storyline für einen Pitch eines Video-Prototypen mit einfachen Visualisierungen

Vom Modell zum Prozess – Die acht DesignAgility-Phasen

Im DesignAgility-Prozess fließen Elemente aus den drei Methoden zusammen (Abb. 5). Abbildung 10 zeigt die acht Phasen der DesignAgility.

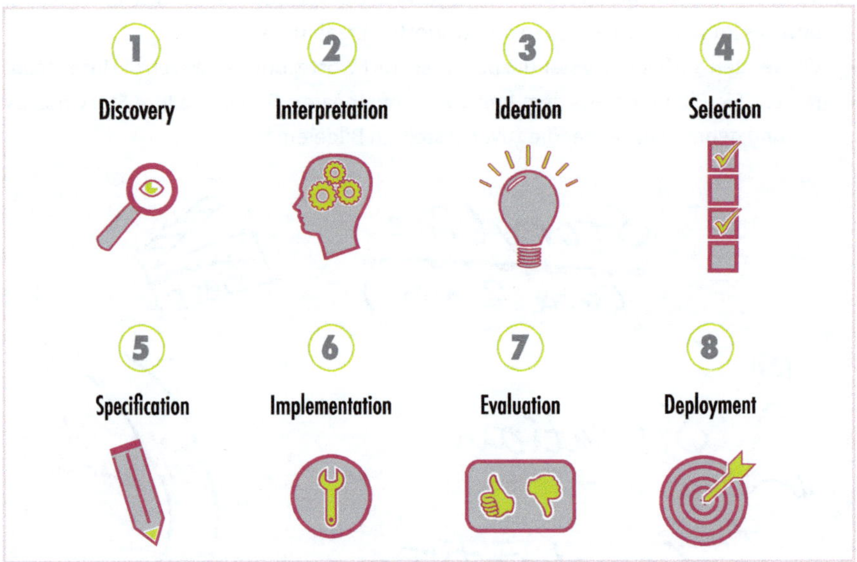

Abb. 10: Erläuterung der acht Phasen der DesignAgility

Sie werden in diesem Buch in den Kapiteln 1–8 ausführlich beschrieben. Angelehnt an die Begrifflichkeit des Design Thinking verwenden wir englische Bezeichnungen für die einzelnen Phasen. Die Untereinheiten 1–16 vertiefen die Phasen der Kapitel 1–8. Von der Challenge, die Sie zu Beginn der Discovery-Phase definieren, über die Personas, die Sie als Stellvertreter für Ihre Zielgruppen in der Interpretation skizzieren, bis hin zur ersten Produktvision als Resultat aus der Selection und schlussendlich zu den Prototypen aus der Implementation, den Sie ausgiebig testen und unter Umständen nachbessern, bevor dieser final im Deployment übergeben wird – all dies wird Schritt für Schritt erklärt. Ein Fallbeispiel führt den Leser als Einstieg durch alle arabisch nummerierten Kapitel, sodass durch die Erzählform die Anwendung von DesignAgility anschaulich in einem Praxisfall dargestellt wird. Zu jedem Arbeitsschritt werden Anwendungsbeispiele erläutert. Eine Checkliste am Ende jedes Kapitels gewährleistet den Überblick.

DesignAgility ist ein Methodenmix, der das Beste aus Innovationsmanagement, agilem Projektmanagement und Storytelling zusammenbringt. Im folgenden Kapitel III gehen wir darauf ein, mit welchen Teams Sie Ihr Innovations- und Veränderungsvorhaben starten sollten, um Neues zu gestalten. Wir erläutern in der DesignAgility, welche Chancen für Innovationen und Transformationsvorhaben entstehen, angereichert durch die Anwendungsbeispiele. Damit diese Ansätze noch greifbarer werden, erhalten die Personas aus Kapitel I »Für wen ist DesignAgility gedacht?« hier jeweils eine konkrete

Herausforderung, der sie sich mit DesignAgility stellen. Diese Beispiele sind Use-Cases, angelehnt an unsere Beratungserfahrung und Zusammenarbeit mit Unternehmen, zu denen sich zahlreiche ähnliche Fälle ergänzen ließen. Sie stehen stellvertretend für Ihre persönlichen Innovations- und Transformationsaufgaben in Ihrer Organisation.

Die acht Phasen der DesignAgility bieten Ihnen einen möglichen Weg mit zahlreichen Innovationsmethoden. Wir laden Sie herzlich dazu ein, bewusst weitere Methoden und Erfahrungen in den DesignAgility-Prozess zu integrieren. Fast immer, wenn wir mit einem Team zusammenarbeiten, haben die einzelnen Teammitglieder bereits wertvolle Erfahrungen aus anderen Projekten, Trainings oder Workshops, die sie aktiv mit einbringen können.

DesignAgility ist bewusst didaktisch reduziert gestaltet und nicht mit zu vielen Varianten überfrachtet, um einen möglichen Pfad für ein Innovations- oder Veränderungsvorhaben aufzuzeigen. Anhand greifbarer Ausgangssituationen und Problemstellungen mehrerer Personas, die stellvertretend für unsere Zielgruppe dieses Buches stehen, möchten wir Ihnen mögliche Einsatzszenarien vorstellen. Ein detaillierter Use-Case wird im Detail durch alle Phasen der DesignAgility erläutert.

Bitte teilen Sie gern Ihre Erfahrungen mit uns unter designagility.de.

III Erfolgreiche Innovationsteams

Erfolgsfaktor Mensch

Bei Forschung und Entwicklung und, darauf aufbauend, bei Innovationen scheint Technologie eine führende Rolle zu spielen: Prototypen von Automobilherstellern fahren getarnt als »Erlkönige« durchs Land, Messeneuheiten sind in aller Munde, und die Potenziale generativer KI beschäftigen alle Branchen. Selbstverständlich sind für viele Innovationen technologische Voraussetzungen entscheidend. ChatGPT ist durch ein verbessertes Sprachmodell und sehr umfangreiche Trainingsdaten möglich geworden, und mit Solarenergie angetriebene E-Autos leben von der Leistungsfähigkeit der verbauten Photovoltaik.

Da die konkrete Innovation aber, verkürzt gesagt, von Menschen für Menschen entwickelt und marktfähig gemacht wird, spielt der Faktor Mensch an zwei Stellen eine wichtige Rolle: als Zielgruppe und künftige Anwender einerseits, als kreative Erfinder und Entwickler andererseits. Während die erste Dimension im Prozess der DesignAgility ausführlich beschrieben werden wird, geht es hier zunächst um die Innovator*innen.

Innovation im Team

Aus vergangenen Jahrhunderten sind epochale Erfinder und Entdecker überliefert, was den Eindruck vom Mythos des eigenbrötlerischen Genies mitbegründet hat. Aber seit Langem schon werden bedeutende Neuerungen nur noch in Teams erreicht, das kann als ein Gemeinplatz gelten. Bedingt ist dies vor allem durch die Arbeitsteilung in praktisch allen Branchen und die damit einhergehende Spezialisierung.

Wenn Innovationsaufgaben also einigermaßen komplex sind, können sie nur von einem Team bewältigt werden. Natürlich ist es dabei nicht mit einem beliebig zusammengesetzten Team getan, vielmehr sind bestimmte Dimensionen bekannt, die ausgewogen vertreten sein sollen. Der folgende Abschnitt befasst sich daher mit der Zusammensetzung erfolgreicher Innovationsteams. (In der Praxis wird die Bildung eines ex ante optimal erscheinenden Teams durch die begrenzte Verfügbarkeit konkreter Individuen eingeschränkt, im Folgenden wird diese Restriktion ausgeblendet.)

Wichtigste Merkmale gemischter Teams

Es kann als gesichert gelten (Noorda/Schlüter 2024) dass gemischte Innovationsteams erfolgreicher sind als homogene Gruppen. Weiterhin gibt es Erkenntnisse, welche Aspekte gemischt bzw. ausgewogen vertreten sein sollten:

1. *Personengebundene Merkmale* sind zunächst solche Merkmale, die an einzelnen Individuen festgemacht werden können:
   - Je nach Innovationsaufgabe (Challenge) sind bestimmte Fachkenntnisse oder Kompetenzen erforderlich, diese werden hier als *Expertise* bezeichnet; so spielen für ein autonom fahrendes Fahrzeug neben der Fahrzeugtechnik auch Sensorik und die Software des Assistenzsystems eine Rolle.
   - Analog bringen *jüngere* Teammitglieder oft radikalere Ideen ein, die *Erfahrene* wegen Misserfolgen in der Vergangenheit unterdrücken; deren Erfahrung ist dann aber für die Umsetzung wichtig – Erfahrung und Betriebszugehörigkeit sollten daher unterschiedlich sein.
   - Alle wissen durch die Teilnahme an Brainstormings, wie sich auch die *Persönlichkeit* auf die Teamarbeit auswirkt: Extrovertierte dominieren oft Meetings, während Introvertiertere nicht zu Wort kommen; Spontane steuern gleich viele Ideen bei, Nachdenklichere benötigen für ihre Beiträge mehr Zeit. Viele Unternehmen greifen dabei auf fundierte Systematiken zurück wie »16 personalities« (www.16personalities.com) oder Lumina Spark (https://luminalearning.com/products/lumina-spark/), um ihre Mitarbeitenden zu charakterisieren und ausgewogene Teams zu bilden.

   Vor allem diese drei Merkmale sollten in den jeweils unterschiedlichen Ausprägungen in einem Innovationsteam vertreten sein. Schließlich betonen Innovationsmanager*innen immer wieder, wie wichtig *Neugier* und *Motivation* für erfolgreiche Innovationsarbeit seien. Man kann beides zu den Persönlichkeitsmerkmalen zählen. Wegen ihrer herausgehobenen Bedeutung werden sie hier aber separat genannt, auch weil es hierbei nicht um Ausgewogenheit zweier Merkmale geht, sondern um eine möglichst starke Ausprägung bei möglichst vielen Teammitgliedern.
2. Daneben gibt es Rahmenbedingungen, die sich auf die Teamleistung unterschiedlich auswirken können. Die meisten kann man unter *Unternehmenskultur* subsumieren:
   - Führungskräfte und Innovationsmanager*innen berichten häufig davon, dass Innovation im Unternehmen erwünscht sein muss und in der Konsequenz nicht als persönliche Zusatzbelastung wahrgenommen werden darf.
   - Die Mitarbeit im Innovationsteam muss als risikofrei und nicht belastend wahrgenommen werden, hier wird oft das Stichwort psychologische Sicherheit genannt. Diese beinhaltet, dass man die Ideen hierarchisch höherer Kolleg*innen hinterfragen darf und dass die eigenen Beiträge nicht zu einer Herabstufung oder gar Entlassung führen dürfen.

3. *Führung und Moderation:*
   Erfahrene Projektmanager*innen können bestätigen, dass gemischte Innovationsteams erfolgreicher sind, weisen aber auch darauf hin, dass diese Verschiedenheit einen höheren Moderationsbedarf nach sich zieht: Um die gewollte Heterogenität im Team produktiv werden zu lassen, muss durch Moderation dafür gesorgt werden, dass Kontraste wie Extro- vs. Introvertiertheit und Spontaneität vs. Nachdenklichkeit nicht zu Konflikten führen. Nur indem sich die verschiedenen Persönlichkeitsmerkmale entfalten können, kann das Potenzial in Ergebnisse umgewandelt werden. Es sind sich aber alle einig, dass der Produktivitätsvorteil den Mehraufwand durch Moderation klar überwiegt.

Für die Bildung eines Innovationsteams ist also zunächst eine konkrete Challenge oder ein Themenfeld der geplanten Innovation eine logische Voraussetzung. Auf dieser Basis können die benötigten Kompetenzen festgelegt und kann mit verfügbaren Mitarbeitenden ein Team zusammengestellt werden. Je größer dabei die Auswahl ist, desto besser können die aufgelisteten Merkmale berücksichtigt werden.

Jenseits konkreter Innovationsprojekte sind für Transformations- und Change Manager interne Netzwerke wichtig, in denen Entscheider und Veränderungsbereite gleichermaßen vertreten sind. Darauf werden wir auch in Kapitel 8 »Deployment: Ergebnisse reflektieren und Entscheidung treffen« und in den daran abschließenden römisch nummerierten Kapiteln eingehen.

IV Wie starte ich mit DesignAgility? Von der Strategie in die Umsetzung

»The essence of strategy is choosing what not to do.«
Michael E. Porter

Wie starte ich denn jetzt am besten mit DesignAgility, und wie komme ich von der Strategie in die Umsetzung?

Bevor Sie in die Umsetzung starten, gehen Sie also noch mal einen Schritt zurück und fragen sich: Gibt es eine Strategie für die Transformation oder Innovationen, die die Leitplanken für die Zukunft Ihres Unternehmens setzt? Eine Strategie, die man nicht umsetzt, führt nie zum Ziel. Eine Umsetzung ohne Plan jedoch bedeutet ein Stochern im Nebel. Die erfolgreiche Umsetzung von Innovationen und Veränderungsvorhaben in Unternehmen ist kein Zufall, sondern das Ergebnis sorgfältiger Planung und strategischer Überlegungen. Bevor wir uns also in die Details der Umsetzung vertiefen, ist es entscheidend, den Fokus auf die *Entwicklung einer klaren Strategie* zu legen.

Eine fehlende Strategie kann zu Ressourcenverschwendung, Ineffizienz und mangelnder Akzeptanz führen. Unternehmen, die die Wichtigkeit einer gut durchdachten Strategie erkennen, haben die Möglichkeit, ihre Innovations- und Veränderungsvorhaben erfolgreich zu gestalten und die gewünschten Ergebnisse zu erzielen. Eine Strategie trägt dazu bei, den gesamten Innovations- und Veränderungsprozess zu steuern und sicherzustellen, dass alle Beteiligten auf ein gemeinsames Ziel hinarbeiten.

Wir möchten Ihnen mit DesignAgility einen pragmatischen Start ermöglichen, mit dem Sie die strategische Verankerung Ihrer Innovation oder Ihres Change-Projekts berücksichtigen und direkt in die Umsetzung kommen.

Was Sie brauchen, ist ein Team und ein gemeinsames Ziel! Welche Art von Team Sie am besten zusammenstellen, haben wir im vorherigen Kapitel III beschrieben. Digitale Transformation, Design Thinking Schools, die großen Unternehmen haben mittlerweile oft eigene Innovation-Hubs oder holen sich Innovationsagenturen und Change-Berater dazu. Sicher, das ist bei großen Organisationen machbar und wird in den Budgets eingeplant. Aber auch dann, wenn Sie eventuell nicht über diese großen Hebel verfügen, können Sie mit den Ihnen zur Verfügung stehenden Ressourcen und DesignAgility als methodischer Wegweiser die Zukunft Ihres Unternehmens gestalten.

Für einen direkten Start mit Ihrer DesignAgility-Challenge erhalten Sie in diesem Kapitel pragmatische Umsetzungstipps. Von der Teamzusammenstellung über die (auch

virtuelle) Raumgestaltung und notwendigen Materialien bis hin zur Anwendung der DesignAgility-Schritte können Sie die Vorschläge direkt aufgreifen und in Ihrem nächsten Projekt nutzen. Ob in einem intensiven, kurzen Workshop oder einem extensiven Innovationsprojekt über mehrere Wochen – viele Wege führen zum Ziel und zu Ihrer Zielgruppe!

Mit DesignAgility schaffen Sie eine Grundlage, Innovationen direkt und einfach auszuprobieren. Sie testen die Innovation frühzeitig im Markt und verankern eine Kultur des strukturierten Ausprobierens in Ihrem Unternehmen.

Was brauche ich für den Start?

Verankerung in Ihrer Strategie

Bevor Sie mit den einzelnen Schritten der DesignAgility starten, verankern Sie Ihr Vorhaben in der Strategie des Unternehmens. Die Entwicklung einer Strategie, wenn noch keine vorhanden ist, erfordert einen strukturierten Ansatz und eine gründliche Analyse. Hier sind die grundlegenden *Schritte, um eine Strategie von Grund auf neu zu entwickeln:*

- **Zielsetzung und Vision:** Beginnen Sie damit, klare Ziele und eine Vision für Ihr Unternehmen oder Ihr Projekt zu definieren. Was möchten Sie erreichen? Welche langfristigen Ziele streben Sie an? Die Vision sollte als Leitstern für Ihre Strategie dienen und die Leitplanken für die Arbeit mit DesignAgility setzen.
- **Situationsanalyse:** Führen Sie eine gründliche Analyse durch, um die aktuelle Situation Ihres Unternehmens oder Projekts zu verstehen. Berücksichtigen Sie interne Faktoren wie Stärken und Schwächen sowie externe Faktoren wie Chancen und Bedrohungen (*strength, weaknesses, opportunities, threats:* SWOT-Analyse).
- **Zielgruppenidentifikation:** Identifizieren Sie Ihre Zielgruppen oder Kunden. Dies ist entscheidend für die Ausrichtung Ihrer Strategie und direkter Anknüpfungspunkt in der DesignAgility.
- **Wettbewerbsanalyse:** Untersuchen Sie Ihre Wettbewerber, und analysieren Sie deren Stärken und Schwächen. Identifizieren Sie Möglichkeiten, sich von der Konkurrenz abzuheben.
- **Trends & Technologien:** Welche Zukunftstrends und -technologien werden wichtig werden? Wo sehen Sie Potenzial, und was möchten Sie, z. B. über ein DesignAgility-Projekt, näher analysieren und auf Ihren Unternehmenskontext anwenden, um in der Transformation gut aufgestellt zu sein?
- **Priorisierung:** Entwickeln und bewerten Sie Ihre strategischen Optionen hinsichtlich der Machbarkeit, Relevanz und Auswirkungen. Wählen Sie diejenigen aus, die am besten zu Ihren Zielen passen. Treffen Sie auch eine Entscheidung, was Sie *nicht* machen werden.
- **Messung und Anpassung:** Legen Sie Messgrößen fest, um den Fortschritt Ihrer Strategie zu verfolgen. Überwachen Sie regelmäßig die Ergebnisse; und passen Sie Ihre

Strategie bei Bedarf an. Integrieren Sie Ihre Innovations- und Veränderungsprojekte, die Sie mit DesignAgility durchführen.

Die Entwicklung einer Strategie erfordert Zeit und Engagement, aber sie bildet das Fundament für den Erfolg Ihres Unternehmens oder Projekts. Es ist wichtig, die Strategie kontinuierlich zu überprüfen und anzupassen, um den sich ändernden Bedingungen und Zielen gerecht zu werden.

Start in die Umsetzung mit DesignAgility

Alles, was Sie für den Start benötigen, ist zunächst einmal eine Grundidee, in welche Richtung Sie Ihre Innovation kreieren möchten. Gehen Sie also mit einer gemeinsamen Herausforderung zu einem identifizierten Problem an den Start, zu dem Sie eine Lösung suchen. Wählen Sie dazu ein Team von circa 5–8 Personen, die mit verschiedenem Fachwissen und ihren jeweiligen Sichtweisen auf den zu erstellenden Prototyp blicken. Externe Expertise ziehen Sie bei Bedarf zur Beratung hinzu. Wenn das Team startklar ist, überlegen Sie frühzeitig, ob Sie ein Budget (z. B. für technische Features im Prototyp) benötigen. Nutzen Sie einen (ggf. auch virtuellen) Raum, in dem Sie Ihre Arbeitsmaterialien ausbreiten oder gut dokumentieren können und kreativ die Schritte der DesignAgility durcharbeiten können.

In den Phasen, in denen Sie mit dem gesamten Team physisch im gleichen Raum sind, sollten Sie die Zeit zum interaktiven Arbeiten nutzen. Schere, Stift, Papier, Haftnotizen, Flipchartpapier&Co – verwenden Sie alles, was Ihr Unternehmen vorrätig hat, um einen ersten einfachen Prototyp zu kreieren. Für vertiefende technische Prototypformen muss bei Bedarf Material (z. B. Software) angeschafft werden. Besonders für den Start und das erste Zusammentreffen empfehlen wir möglichst ein Treffen an einem gemeinsamen Ort. Sie können ebenso in einem virtuellen Setting (z. B. Miro-Board oder Whiteboard in MS Teams) arbeiten; dies erfordert von den Teilnehmenden und den Moderierenden eine erhöhte Konzentration und für die kreativen Übungen genügend Möglichkeiten zur Entfaltung.

Drei Variationen eines DesignAgility-Ablaufs werden in der Folge beispielhaft vorgestellt. Beantworten Sie zum Start kurz die folgenden Fragen Ihrer Ausgangslage:

Ausgangslage

- *Was?* (Challenge – Herausforderung, der Sie begegnen möchten)
- *Warum?* (Zweck: Wofür ist es von Bedeutung?)
- *Mit wem?* (Team, s. Kap. III)
- *Wo?* (Ort, auch virtueller Raum oder Präsenz-Online-Mix)
- *Womit?* (Budget für Teamzeiten und optionale externe Kosten)
- *Wie lange?* (Bis wann und in welcher Taktung für das Team?)

Ziel: Testbarer Prototyp zu Ihrer Challenge

Durchführungsbeispiele – Drei mögliche Wege

- *Intensivtraining:* 1 Tag Plug&Play
- *Intensivworkshop:* Zweitagesworkshop
- *Extensive Sprints:* 16 Sessions, über 16 Wochen 3 Stunden wöchentlich oder über 8 Wochen 1 Tag (2 × 3 Stunden plus Pausen) wöchentlich

Startklar für den Kick-off!

Der Einsatz von DesignAgility als Innovationsmethode eignet sich immer dann, wenn Sie Wege suchen, die wachsende Komplexität in Veränderungsvorhaben durch Design-Agility zu reduzieren und eine Innovationskultur zu etablieren.

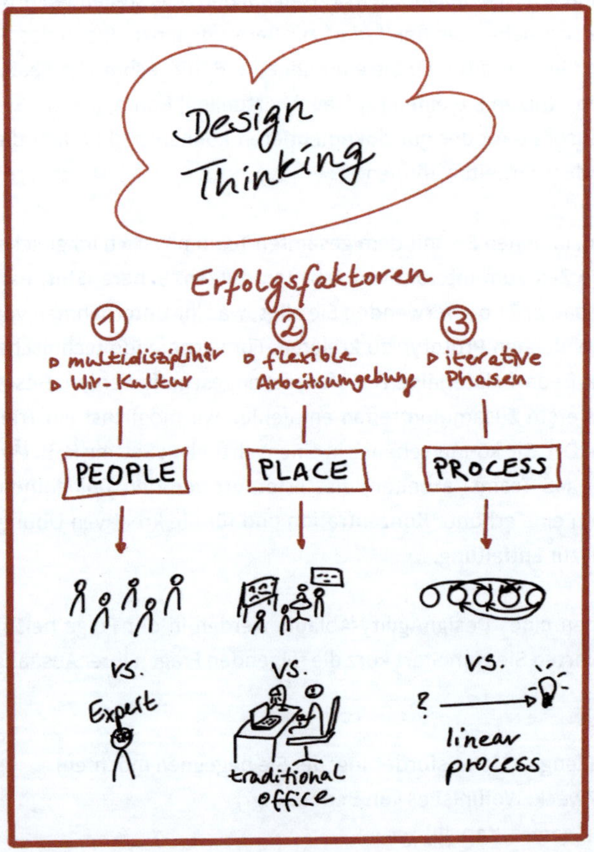

Abb. 11: Erfolgsfaktoren von Design Thinking

Abbildung 11 veranschaulicht die Kernkomponenten, die für die Durchführung Ihres Innovationsprojektes unabdingbar sind, angelehnt an Vorgehensweisen von Design Thinking:

- Statt einzelner Experten kommen *multidisziplinäre Teams* zusammen.
- Arbeiten Sie in *variablen Räumen* statt im Einzelbüro. Räumen Sie alles zur Seite, was nicht zur DesignAgility-Challenge gehört. Nutzen Sie die Wände, arbeiten Sie im Stehen und bleiben in Bewegung – erst dann können sich die Kraft des Teams und das freie Denken für neue Ideen entfalten. Regen Sie auch in virtuellen Treffen das Team dazu an, alles andere außer Sichtweite zu packen und einen Stehtisch zu nutzen, wenn vorhanden.
- Nutzen Sie den *iterativen Prozess,* und springen Sie zurück, bis Ihr Prototyp die Anforderungen für eine gute Testbarkeit erfüllt. Mit diesen Komponenten sind Sie startklar für den Kick-off!

Schnell und klar: 1 Tag Plug & Play

Wenn Sie zunächst einmal die Denkweise der DesignAgility im Team erproben möchten, nutzen Sie einen intensiven Tag und nutzen ein vorgefertigtes Beispiel. Hier steht das Erlernen der DesignAgility Methode im Vordergrund.

Warum diese Variante wählen

- Um schnell in die Denkweise der DesignAgility einzutauchen und die Methode zu erlernen, das Team zusammenzubringen (hier kann zunächst eine Idee und ein fiktiver Kunde gewählt werden, da für die intensive Befragung kaum Zeit sein wird) oder
- um schnell einen sehr einfachen Prototyp zu generieren (z. B. einen schnellen Paper-Mockup mithilfe des strukturierten DesignAgility-Prozesses erstellen) oder
- um einen bereits bestehenden Prototyp in einer eintägigen Iteration intensiv zu überarbeiten und dabei nur Teile der DesignAgility-Phasen zu durchlaufen.

Vorbereitung: Nutzen Sie einen hellen, gemütlichen Raum. Räumen Sie alles beiseite, was nicht für die DesignAgility-Session benötigt wird. Schaffen Sie eine angenehme Arbeitsatmosphäre.

Ablauf – Sessionflow

9:00–10:30 Discovery & Interpretation
10:30–12:00 Ideation & Selection
Mittagspause
13:00–14:30 Specification & Implementation
Kurze Pause
15:00–16:30 Evaluation & Deployment
16:30–17:00 Intensive Reflexion: Was lief gut, was nicht?

Vorteile

- Geringe Kosten,
- Training, um die Methode DesignAgility zu erlernen.

Nachteile

- Etwas intensivere Vorarbeit nötig: Die Challenge sollte vorab eingegrenzt sein, damit Sie direkt loslegen können.
- Recherchen und Kundenbefragungen sind nur sehr eingeschränkt möglich – Gefahr, nur aus der eigenen Sichtweise zu agieren.

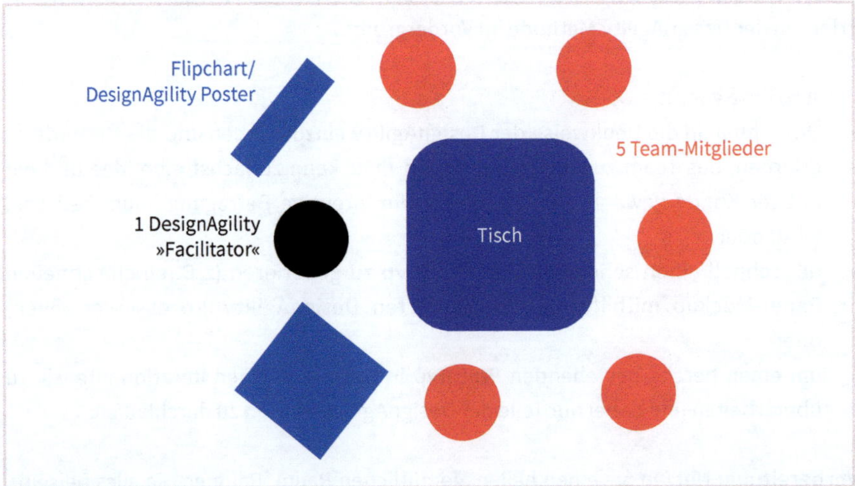

Abb. 12: DesignAgility: Beispiel für Raumvorbereitung

Intensiv: Zweitagesworkshop

Wenn Sie direkt verwertbare Ergebnisse aus dem DesignAgility-Prototyp-Projekt erzielen möchten, nutzen Sie zwei Workshoptage und planen intensive Zeiteinheiten für die Kundenbeobachtung und Evaluierung.

Warum diese Variante wählen

- Um die Denkweise der DesignAgility genau kennenzulernen und alle Phasen im Detail anzuwenden (stellen Sie vorab sicher, Zugang zur Zielgruppe und zu den Daten über diese zu haben, damit Sie den Prototyp passgenau testen können) oder
- um in kurzer Zeit einen erprobten Prototyp zu generieren (z.B. um dann direkt im Anschluss über die Weiterführung in ein Umsetzungsprojekt oder einen weiteren Prototyp zu entscheiden) oder
- um einen bereits bestehenden Papierprototyp in einer zweitägigen Iteration intensiv mit technischen Features zu überarbeiten.

Vorbereitung: Planen Sie DesignAgility-Tage mit jeweils 6–7 Stunden Workshopzeit plus Pausen. Buchen Sie einen Arbeitsraum, der 2 Tage lang für nichts anderes genutzt wird.

Ablauf – Sessionflow

Tag 1 Discovery & Interpretation und Ideation & Selection
Tag 2 Specification & Implementation und Evaluation & Deployment

Vorteile

- In kurzer Zeit verwertbare Ergebnisse: Prototyp,
- DesignAgility-Denken wird im Team verinnerlicht.

Nachteile

- Teammitglieder werden für zwei Tage komplett aus anderen Aufgaben herausgezogen.
- Kundenrecherche und Evaluierung erfordern ggf. vorab zu planende Ortswechsel und Zeitfenster mit möglichen Probanden.

Tipp

Als sehr brauchbar hat es sich erwiesen, noch vor dem ersten Workshop im gesamten Team einige Interviews mit (potenziellen) Kunden durchzuführen. Hier reicht es schon, mit 3 bis 4 Personen jeweils 25 Minuten gezielt zu sprechen (z.B. zu ihrem Nutzungsverhalten oder ihren Wünschen/Problemen im Bereich der Challenge). Immer wieder sind unsere Kunden in unseren Beratungen erstaunt, wie erkenntnisreich und zielführend diese kurzen Gespräche sind. Eine klare Vorbereitung der Interviewfragen ist unabdingbar, um die kurze Zeit effektiv zu nutzen.

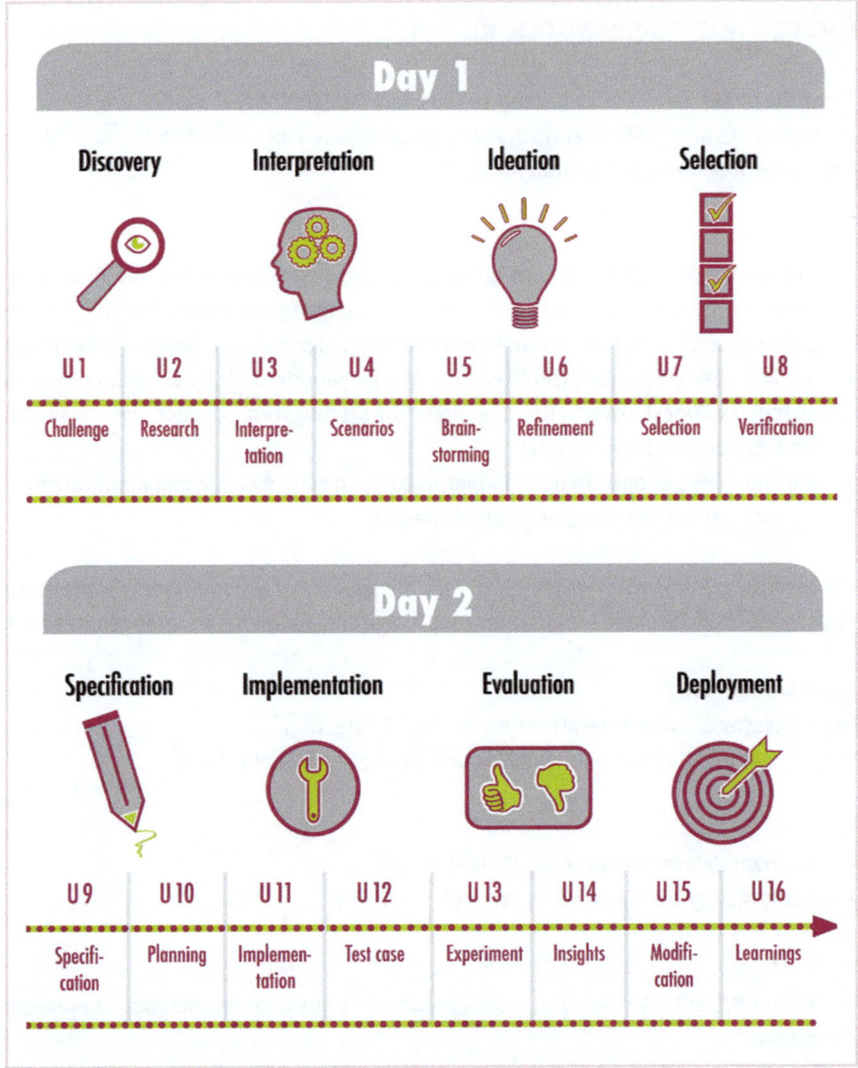

Abb. 13: Mögliche Aufteilung eines DesignAgility Zweitages-Workshops

Extensiv: Wöchentliche Sprints

Wenn Sie ein Innovationsprojekt mit DesignAgility kontinuierlich erarbeiten möchten, eignet sich die Durchführung von wöchentlichen, z. B. halbtägigen Sprints, die mit Vor- und Nachbereitungen durch einzelne Teammitglieder angereichert werden können. Die Sprints sind durch die Einheiten/Units in der DesignAgility gut planbar.

Warum diese Variante wählen

- Um eine DesignAgility-Kultur im Unternehmen zu verankern und alle Einheiten der Hauptphasen einzeln zu bearbeiten oder
- um über einen längeren Zeitraum einen Prototyp zu generieren, der neue Erkenntnisse in den Zwischenzeiten stets aktuell berücksichtigt, oder
- um einen Prozess zu starten, bei dem das Team die Zwischenzeiten nutzt, um die Domain-Expertise oder den Rat von Kolleg*innen oder externen Fachleuten einzuholen.

Vorbereitung: Legen Sie im Team einen fixen Tag als DesignAgility-Tag fest. Nutzen Sie dafür einen Raum, in dem Sie die Ergebnisse aus den einzelnen Phasen stets flexibel aufbauen können. Legen Sie zuvor regelmäßig fest, ob Sie sich im physischen oder virtuellen Raum treffen, und bereiten Sie das Meeting entsprechend vor. Halten Sie Fotoprotokolle aus den Livesessions auch digital im virtuellen Arbeitsraum vor, und nutzen Sie ein Projektmanagementtool für den Austausch zwischen den Workshopsitzungen (z. B. Asana oder Trello).

Ablauf – Sessionflow einer wöchentlichen Workshop-Unit

Intro – kurze Wiederholung und Update zur letzten Session
Unit – Durchführung von 1–2 Einheiten (von insg. 16) des DesignAgility-Prozesses
Projektplanung – Gemeinsames Board mit klarer Aufgabenverteilung
Reflexion – Blick zurück nach vorn und Planung der nächsten Session

Vorteile

- Kontinuierliches Innovationsmanagement, Einübung einer DesignAgility-Kultur,
- flexibles Zeitmanagement und Erreichbarkeit der Zielgruppe.

Nachteil

- Intensive Abstimmung und gute Zusammenarbeit im Team erforderlich.

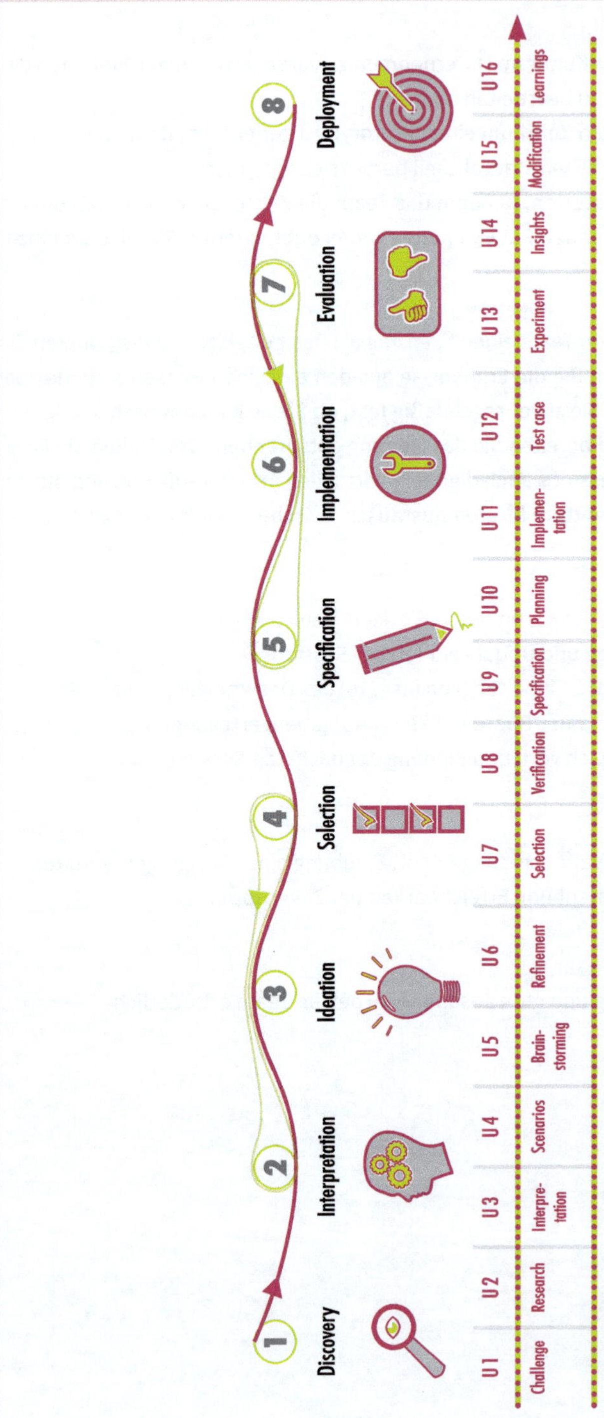

1 Discovery
2 Interpretation
3 Ideation
4 Selection
5 Specification
6 Implementation
7 Evaluation
8 Deployment

U1	U2	U3	U4	U5	U6	U7	U8	U9	U10	U11	U12	U13	U14	U15	U16
Challenge	Research	Interpre-tation	Scenarios	Brain-storming	Refinement	Selection	Verification	Specification	Planning	Implemen-tation	Test case	Experiment	Insights	Modification	Learnings

Abb. 14: Ablauf eines extensiven DesignAgility-Trainings über mehrere Wochen – 8 Phasen in 16 Einheiten (Units U1–U16)

DesignAgility im Einsatz

Die vorgestellten Möglichkeiten zur Durchführung der Trainings und Workshops sowie extensive Formate sind Beispiele. Wenn Sie mit der Anwendung der einzelnen Phasen und Schritte der DesignAgility vertraut sind, können Sie leichter variieren und z. B. einzelne Schritte verkürzen, mit ergänzenden Methoden anreichern oder an die speziellen Anforderungen Ihres Unternehmens adaptieren.

DesignAgility fördert den gemeinschaftlichen Ideenbesitz und stärkt die Motivation im Team. Durch die gemeinsame Beteiligung an allen Abläufen werden die Teams aktiv voneinander lernen. Sie verlagern ihr Denken im Innovations- oder Veränderungsprojekt vom Problem weg hin zur Lösung aus Kundensicht. Mit der Vorgehensweise von DesignAgility treffen Sie für Ihr Unternehmen eine strategische Entscheidung, von Beginn des Entwicklungsprozesses an neue Ideen zu generieren, statt Bestehendes nur neu zu ummanteln.

Wie geht es jetzt weiter?

»DesignAgility führt Sie systematisch in die Zukunft«

Im Anschluss an dieses Kapitel führen wir Sie Schritt für Schritt durch die acht DesignAgility-Phasen. Dort werden alle Schritte der DesignAgility (Prozessmodell) ausführlich erklärt. Passende Aktivitäten und weiterführende Links werden zu jedem Schritt (Unit) angeboten. Auf den nächsten Seiten werden daher die Hauptphasen in den Kapiteln 1 bis 8 erklärt, die sich in 16 Einheiten oder Units (U1–U16) gliedern. Diese Einheiten können je Hauptphase in einzelnen Schritten oder zusammenfassend gewählt werden. Als Workshop-Facilitator können Sie steuern, ob alle Phasen im Unternehmen kompakt oder begleitend über einen längeren Zeitraum durchlaufen werden – je nach Zweck, Zielsetzung und Verfügbarkeit der Beteiligten.

DesignAgility in einem virtuell-kollaborativen Setting

Besonders wirkungsvoll hat sich die über 3 Monate verteilte, wöchentliche Innovationsarbeit z. B. in MIRO erwiesen. Max. 6 Teams à 5–6 Personen können bestens teilweise gemeinsam und in ihren jeweiligen Teams arbeiten und von- und miteinander lernen.

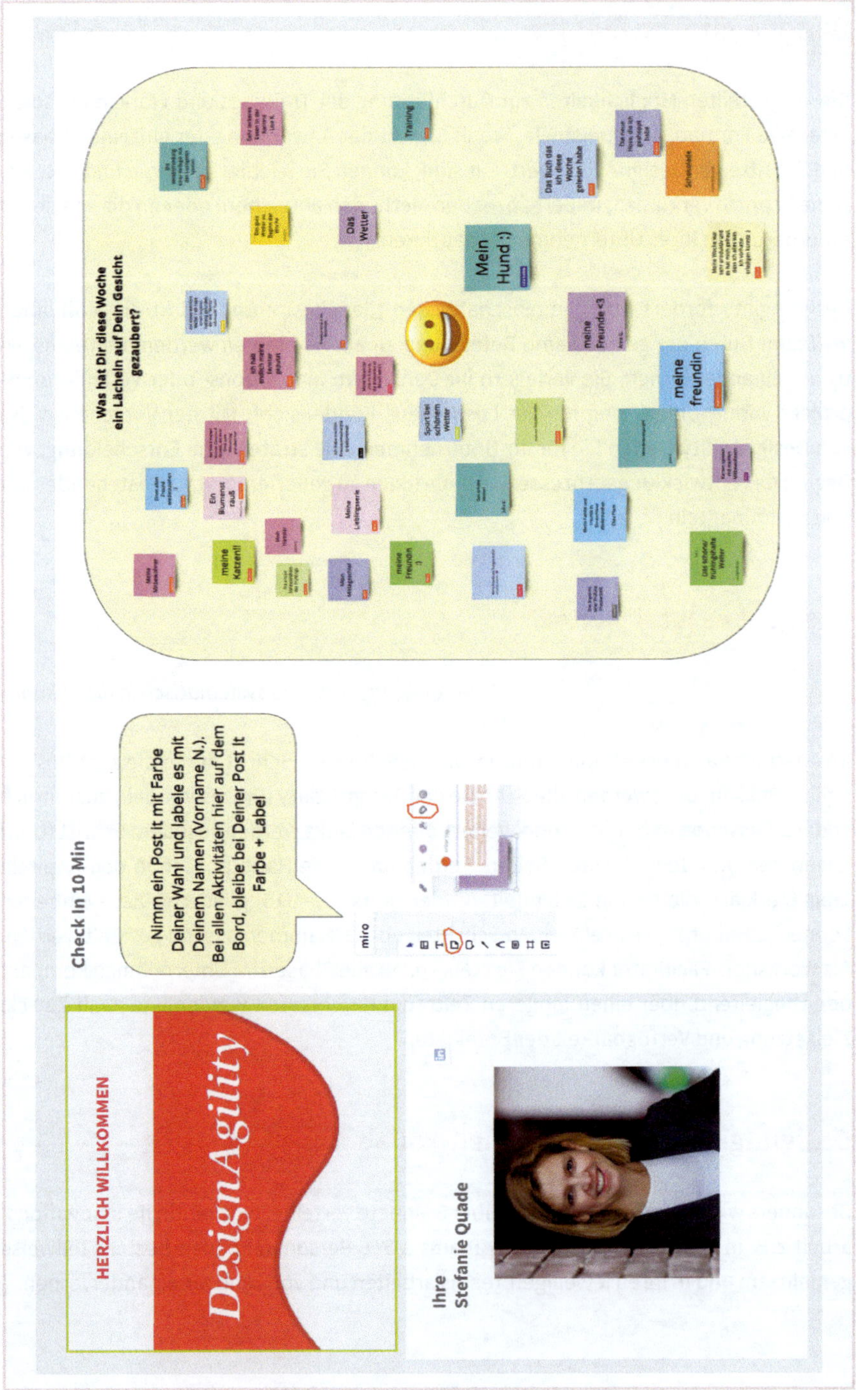

Abb. 15: DesignAgility im virtuell-kollaborativen Setting (Quelle: Stefanie Quade)

1 Discovery: Ziele klären und Daten sammeln

»Wissen nennen wir den kleinen Teil der Unwissenheit, den wir geordnet haben!«
Ralph Waldo Emerson

Die erste Phase der DesignAgility heißt nicht umsonst Discovery: Sie stellt eine Entdeckungsreise dar. Den Anfang bilden die *Challenge* als identifizierte Herausforderung und die Ziele des Innovationsprojektes – sie stellen einen Fixpunkt und Maßstab während des gesamten Projektes dar. Da partielles Wissen über Wissenslücken hinwegtäuschen kann, werden in der Discovery unabhängig vom Vorwissen alle relevanten Fragen gestellt, die für eine erfolgreiche Innovation wichtig sind.

Um die Challenge des Projektes genau zu verstehen, werden zu folgenden Aspekten Daten gesammelt:

- Worin besteht die Challenge, und was sind Indikatoren für den Erfolg?
- Was müssen wir über die Zielgruppe und ihren Leidensdruck wissen?
- Wie lassen sich Markt, Marktumfeld und Wettbewerber beschreiben?

Die in der Discovery erhobenen Daten werden in der zweiten Phase der *Interpretation* (U3) ausgewertet und durch Szenarien auch für die Zukunft fortgeschrieben (U4).

1.1 Case-Study: Was genau braucht mein Kunde?

Luca hat als Client Lead einen neuen Auftrag für den Dienstleister »Content Marketing&Storytelling« akquiriert: Ein Solaranbieter sieht durch den Wandel im Energiemarkt und die Förderung nachhaltiger Energie durch die Politik eine große Chance, die Marktanteile deutlich zu steigern und hat Lucas Firma beauftragt, die eigene Zielgruppe mit passgenauem Storytelling und starken Botschaften zu erreichen. In der Vergangenheit haben sie zwar viel, aber ziellos kommuniziert, und vieles ist verpufft, oder die Interaktion mit den Kunden ist in einigen Medienkanälen gescheitert. Gleichzeitig sieht der Anbieter die Möglichkeit, das Produktportfolio und die Services zu verbessern, indem er aus den Interaktionen und dem Feedback der Zielgruppen lernt und die eigenen Innovationen voranbringt.

Luca weiß, was zu tun ist, und definiert im Auftragsklärungsgespräch den Rahmen für die Zusammenarbeit: Zwei der Kollegen aus dem Team Newsroom&Content, die Projektleiterin des Solaranbieters sowie deren Produkt- und Marketingmanagerin sind in diesem wichtigen Gespräch dabei. Ausgangspunkt ist eine gemeinsame Definition der Challenge, die das Handlungsfeld der Beauftragung sinnvoll eingrenzt und gleichzeitig den Spielraum für die innovative Zusammenarbeit öffnet.

In der Discovery-Phase analysiert das Kernteam zunächst die wichtigsten Teilzielgruppen des Solaranbieters und deren drängendes Problem. Wie groß ist die »Audience«? Welchen Bedarf haben beide Gruppen? Anhand zweier Studien und interner Daten des Solarkunden wird schnell klar, dass der Bedarf der beiden Gruppen sehr unterschiedlich ist: Bei den Besitzern von Ein- und Mehrfamilienhäusern ist Solarenergie nur ein Teil einer Energiegesamtlösung. Mieter dagegen schaffen hier eine bewusste Zusatzlösung auf ihrem Balkon, die zwar nur einen kleinen Beitrag zum Energiekreislauf leistet, aber als bewusste Kaufentscheidung zu einem nachhaltigen Energiemix gesehen wird. Beide Zielgruppen haben ganz unterschiedliche Budgets und Zielsetzungen für die Kaufentscheidung. Luca arbeitet anhand der Daten Kundentypen für die beiden Segmente heraus. Um die Zielgruppe besser zu verstehen und weil sich die Angebote der Wettbewerber ähneln, beschließt das Team, Interviews mit ausgewählten Repräsentanten der Zielgruppe zu führen.

Die Auswahl der Gesprächspartner für die Insights-Interviews nimmt Luca zusammen mit dem Team vor. Es werden Repräsentanten der wichtigsten in der Studie beschriebenen Kundentypen ausgewählt und qualitativ befragt, also nach ihrem Bedarf und ihren Entscheidungskriterien. Besonders interessiert das Team dabei die Frage, welche Alternativen die Kunden anstelle einer Solarlösung hätten. Luca erstellt einen Gesprächsleitfaden und achtet darauf, dass sich die Fragen weniger auf die derzeitigen Angebote beziehen als auf die Bedürfnisse der Endkunden. Für diese ersten Befragungen (»Insights«) reicht es, 3 bis 5 repräsentative Personen für 30 Minuten zu interviewen. Dies dient Luca als erster Anker, um als Audience Developer mit dem Team die Zielgruppen genauer zu verstehen und die Challenge besser einzugrenzen und zu formulieren.

Dies ist der erste entscheidende Schritt, um die Content-Strategie passend zur Target Audience zu entwickeln.

1.2 Discovery – Warum diese Phase?

»Was muss ich wissen, um wie meine Zielgruppe denken zu können?«

Da Design Thinking grundsätzlich von den Adressaten aus denkt, ist es unerlässlich, deren Merkmale, Präferenzen und Wahrnehmung kennenzulernen sowie ihren Leidensdruck nachvollziehen zu können. So wird ermittelt, was die Zielgruppe in der Ausgangssituation als unbefriedigend empfindet und was eine erfolgreiche Innovation oder Veränderung auszeichnen würde.

Parallel sind selbstverständlich die Angebote von Markt und Wettbewerb relevant, denn neben ihnen muss die zu entwickelnde Lösung bestehen.

In der Phase der Discovery ist es entscheidend, zunächst alle für die Challenge relevanten Aspekte zu ermitteln, um diese konkret benennen und eingrenzen zu können. Dahinter steht die Frage, wie wir bestehende Alternativen oder Lösungen beim Kundennutzen übertreffen können. Insbesondere in etablierten, reiferen Märkten gelingt dies kaum durch Imitation oder inkrementelle Innovationen, sondern vor allem durch neuartige Lösungen.

Die Discovery ist wichtig, weil Sie hier …

- … durch die Challenge einen klaren Fokus auf Ihr Projekt bekommen;
- … die relevanten Stakeholder involvieren und zu wichtigen Partnern im Innovationsprojekt machen;
- … relevante Teilzielgruppen definieren, um mit der relevantesten Gruppe zu starten;
- … aus der Masse von Sekundärdaten die wichtigen herausfiltern und eine überschaubare eigene Erhebung konzipieren.

1.3 Wie? Schritte in der Discovery

- Challenge (U1)
- Research (U2)

1.3.1 Challenge benennen und Ziele definieren (U1)

Vorbereitung: Input relevanter Stakeholder

Bei der U1 sollten neben dem abteilungsübergreifenden Team der Auftraggeber oder das Management selbst mitwirken, damit alle die Challenge als Grundlage und Mandat vorbehaltlos mittragen.

Fragen zur Eingrenzung einer vielversprechenden Challenge

1. Welche Unzufriedenheit oder welcher Bedarf ist uns bei unseren Kunden bekannt?
2. In welchen Situationen wird dieser Bedarf spürbar?
3. Wodurch kann unser Angebot einen einzigartigen Kundenutzen stiften?
4. Welche Rahmenbedingungen oder Einschränkungen müssen wir beachten?

Die Challenge sollte möglichst klar und ohne diffuse Buzzwords formuliert sein. Sie darf noch keinen Lösungsweg vorgeben oder suggerieren. In der Regel ist sie daher als Frage formuliert: Wie können wir …?

So viel Zeit sollten Sie einplanen

Etwa 2 Stunden in einer Runde mit projekterfahrenen Teilnehmern. Wie immer spart eine gute Vorbereitung Besprechungszeit, die aufgelisteten Fragen sollten daher vorher kommuniziert werden.

Das brauchen Sie für die Durchführung

Ein gemischtes Team (s. Kap. IV), das alle relevanten Perspektiven einbringt: Mitarbeiter*innen mit direktem Kundenkontakt aus verschiedenen Abteilungen, eventuell auch Partner, Händler oder Dienstleister.

Das kann passieren, und so können Sie reagieren

- Wenn Einschränkungen zu Denkblockaden führen: Klammern Sie die Einschränkungen zunächst aus.
- Wenn Einzelne die Runde dominieren: Alle notieren Challenges auf Karten, die diskutiert werden.
- Wenn manche mehr Zeit brauchen: Fragen vorab bekannt geben oder Termin vereinbaren, bis zu dem Input nachgeliefert werden kann.
- Wenn die Challenges zu marginal sind: mutiges, ambitioniertes Denken einfordern.

1.3.2 Anwendungsbeispiel: Challenge benennen

Welche Unzufriedenheit oder welcher Bedarf ist uns bei unseren Kunden bekannt?

Ablauf

1. Was sind die wichtigsten Probleme oder Bedürfnisse der Zielgruppe?
2. Werten Sie Reklamationen und Kundenbeschwerden aus: Welche Themen oder Aspekte treten gehäuft auf?
3. Welche Daten liegen Ihnen zu Ihren Kunden vor, die Sie im Rahmen der Challenge zur Analyse nutzen können?
4. Lassen Sie aktuelle Trends und neue Technologien oder Plattformen im Marktumfeld auf sich wirken: Welcher neuartige Kundennutzen könnte damit greifbar werden?
5. In welchen benachbarten Marktsegmenten könnten Sie eventuell neuartige Lösungen anbieten (Innovation/Diversifikation)?

Die Antworten auf diese Fragen führen zu möglichen Herausforderungen, die zur Grundlage der Challenge im DesignAgility-Projekt werden könnten.

Abb. 16: Die Determinanten der Challenge: Markttrends und Kundenbedürfnisse

1.3.3 Research – Relevante Daten sammeln (U2)

Die notwendigen Recherchen werden vom Team selbst durchgeführt. Dabei sind die definierte Challenge und ihre Ziele wichtige Orientierungspunkte. Neben der Filterung relevanter Informationen aus den Sekundärdaten (z. B. Studien) sind die Erhebung eigener Daten etwa durch Interviews oder Umfragen und eine klare Fragestellung wichtig.

Vorgehen bzw. Leitfragen bei den Recherchen

- In welche Untergruppen lässt sich die *Zielgruppe* unterteilen? Welche repräsentativen Personen kann ich interviewen und/oder beobachten?
- Was sind neben typischen *Marktdaten* wie Wettbewerbsprodukten und deren Absätzen/Umsätzen relevante Trends im Marktumfeld (Technologien, Gesetze o.Ä.)?
- Als *Wettbewerber* sind, wie erläutert, nicht nur die Anbieter der o.g. Marktleistungen zu recherchieren, sondern ebenso alternative Lösungsangebote im Umfeld der Zielgruppe.

So viel Zeit sollten Sie einplanen

Um eine erste Innovationslösung mit DesignAgility mit einem ersten greifbaren Ergebnis zu einer Unternehmensherausforderung (»Challenge«) zu erhalten, sind 2 Personentage je Teammitglied, sowie Zeit vorab zur groben Auftragsklärung und für Interviews (z. B. 2 × 3 Stunden) mit der Zielgruppe realistisch geplant. Da DesignAgility bewusst modular und didaktisch aufgebaut ist, können Sie die einzelnen Units (U1–16) der Hauptphasen (1–8) auch zeitlich verteilt, z. B. einen halben Tag pro Woche in Ihren Arbeitsalltag integrieren und entsprechend die Laufzeit etwas strecken. Finden Sie auf designagility.de weitere Informationen.

Das brauchen Sie für die Durchführung

Neben der zeitlichen Ressource muss eventuell ein Budget für den Erwerb von Studien o. Ä. verfügbar sein. Die Teammitglieder müssen Zugang zu den vorhandenen Kundendaten bekommen. Geeignete Interviewpartner können aus den Bestandskunden oder über Partner bzw. Händler rekrutiert werden.

Das kann passieren, und so können Sie reagieren

- Sammeln großer Datenmengen ohne Relevanz: Challenge als Filterkriterium verwenden.
- Zu starke Fragmentierung der Zielgruppe: Untergruppen bündeln, 3–5 Untergruppen sind ideal.
- Mangel an Interviewpartnern: über informelle Netzwerke suchen, aber Repräsentativität im Blick behalten.

1.3.4 Anwendungsbeispiel: Analyse der Zielgruppe

Häufig haben wir es mit einer heterogenen Zielgruppe zu tun, bei der man dann besser konkrete *Teilzielgruppen unterscheidet* (als Beispiel s. Abb. 15). Nur so werden die recherchierten Aussagen stimmig und präzise. Folgende Vorgehensweise hat sich dabei bewährt:

1. Ungestütztes Brainstorming: Für wen könnte die betreffende Challenge relevant sein? Wer hat dieses Problem, für das wir eine Lösung suchen?
2. Auswertung der verfügbaren Primär- und Sekundärdaten: Welche Untersuchungen, Studien, Statistiken, Daten, Verkaufsverhalten, Reklamationen, Kundenfeedback o. Ä. sind verfügbar?
3. Synthese der Auswertung und der Brainstorming-Ergebnisse: Benennung von Teilzielgruppen
4. Was bietet der Markt bzw. Wettbewerb der Zielgruppe alternativ zum identifizierten Leidensdruck an?
5. Wen kann ich zur Challenge befragen, um sowohl Probleme/Erfahrungen als auch Anforderungen/Wünsche sowie die Zahlungsbereitschaft zu recherchieren?

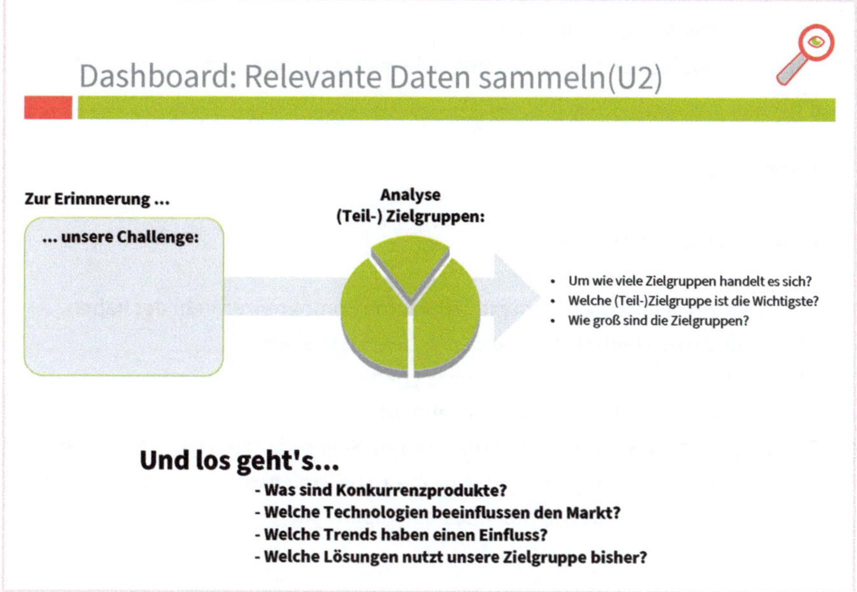

Abb. 17: Teilzielgruppen bilden, nach dem Sammeln der relevanten Daten

1.4 Blick zurück nach vorn

Am Ende der Discovery hat man meist eine reichhaltige Sammlung von Daten zusammengetragen: statistische Daten, eigene Annahmen, Interviewergebnisse, Beobachtungen, Expertenaussagen und dergleichen mehr. Ihren Beitrag zur Challenge und zum späteren Prototyp erkennt man nicht immer sofort.

Aus manchen Daten oder Antworten ergeben sich weitere Fragen, denen man dann sofort nachgeht. Ansonsten geschieht die Auswertung in Phase 2, die den Namen *Interpretation* trägt.

Auch wenn die Recherchen in der Discovery arbeitsteilig im Projektteam durchgeführt wurden, müssen die Ergebnisse allen bekannt sein. Andernfalls bilden sich Wissensinseln heraus, die jeweiligen »Insulaner« sind dann aber immer nur zu einem oder wenigen Aspekten kompetent.

Wichtig ist ebenfalls, sich blinde Flecken bewusst zu machen, also Aspekte oder Fragen, zu denen man (noch) keine Daten oder Antworten erhalten hat.

Das soll bei der Discovery herauskommen:

- Auswertung von Daten, Studien und Statistiken zum Thema der Challenge,
- Anhaltspunkte für Kundentypen (Persona),

- selbst erhobene Daten zur Zielgruppe,
- ein umfassendes Verständnis zu potenziellen Wettbewerbern und Alternativen im Markt.

Checkliste!

Die **Discovery** ist fertig, wenn …

- ☐ … Sie ein gemischtes Team mit relevanten Kompetenzen gebildet haben.
- ☐ … Sie die relevanten Stakeholder einbezogen haben.
- ☐ … Sie eine klare Challenge formuliert haben.
- ☐ … trennscharfe Teilzielgruppen definiert wurden.
- ☐ … verfügbare Studien, Daten oder andere Sekundärdaten besorgt wurden
- ☐ … Sie eine komplementäre Stichprobe an Gesprächspartner*innen für Zielgruppeninterviews zusammengestellt haben

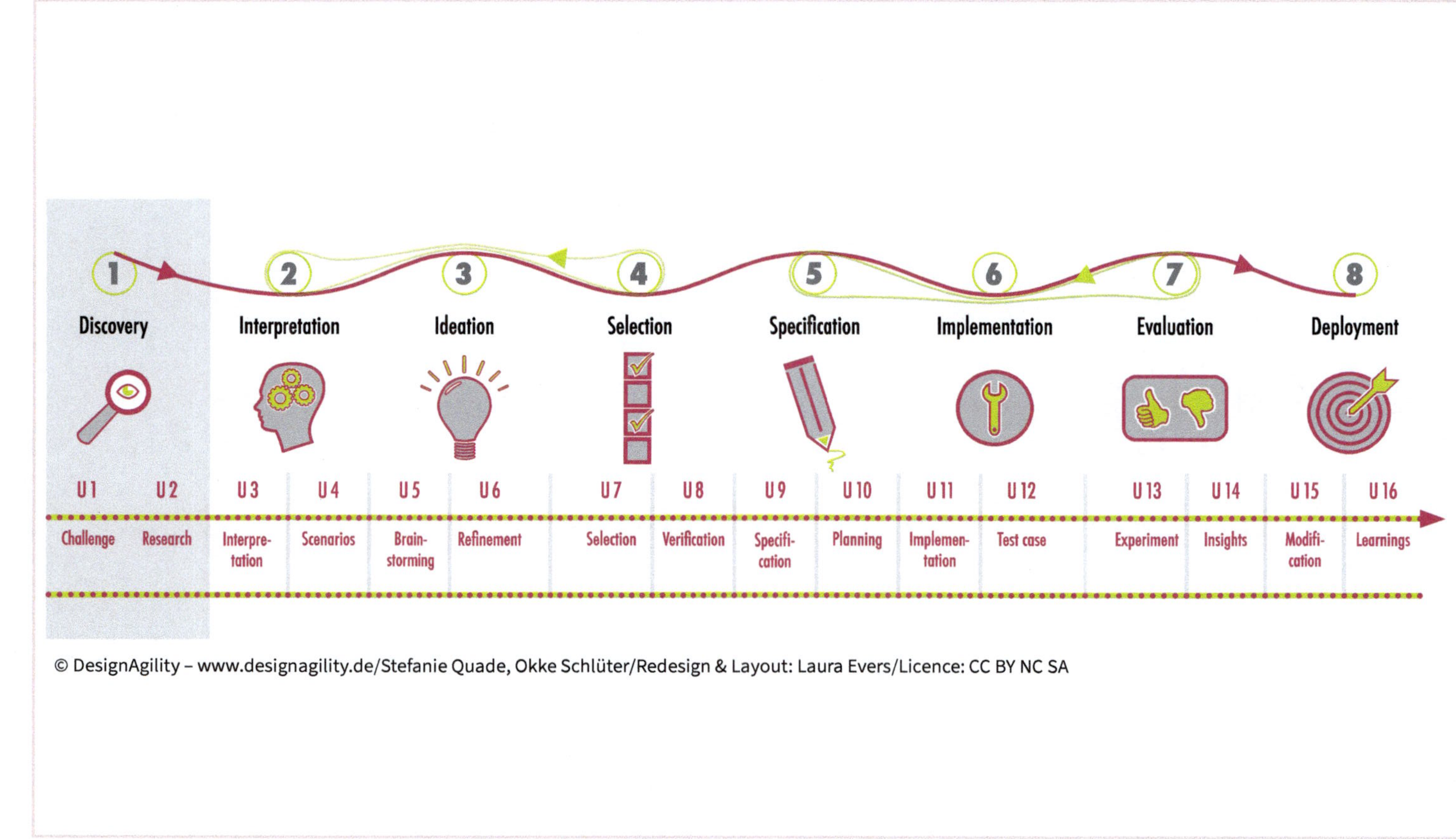
1
Discovery
2
Interpretation
3
Ideation
4
Selection
5
Specification
6
Implementation
7
Evaluation
8
Deployment
U1
Challenge
U2
Research
U3
Interpre-tation
U4
Scenarios
U5
Brain-storming
U6
Refinement
U7
Selection
U8
Verification
U9
Specifi-cation
U10
Planning
U11
Implemen-tation
U12
Test case
U13
Experiment
U14
Insights
U15
Modifi-cation
U16
Learnings

2 Interpretation: Daten deuten und Trends aufspüren

> *»Wenn es nur eine einzige Wahrheit gäbe, könnte man nicht hundert Bilder über dasselbe Thema malen.«*
> Pablo Picasso

Bei der Interpretation werden die Daten aus der Discovery analysiert, zusammengefasst und bewertet. Dies bildet den Rahmen aus Kundenwunsch, Machbarkeit und Wertschöpfung (z.B. Rentabilität) für die Innovation. Die ersten reinen Daten werden nun interpretiert, und es wird geschaut, für *wen* und in welchem *Umfeld* die Innovation erschaffen wird. Die Rechercheergebnisse bekommen dadurch eine Bedeutung und einen Bezug zu unserem Vorhaben.

Um die Situation unserer Zielgruppe genau zu verstehen, werden daher in der Interpretation die folgenden Fragen beantwortet:

- Wer wird unser Produkt oder den Service nutzen bzw. von der Veränderung betroffen sein? (Personas definieren)
- Welche Bedürfnisse und Erwartungen haben die Personas?
- Wo genau ist die Komplikation, der Pain Point?
- Wie wird das Problem im Moment alternativ gelöst?
- Welche Trends werden wichtig werden (und sollten daher im Kontext unserer Challenge berücksichtigt werden)?

Die Ergebnisse aus Discovery (Phase 1) und Interpretation (Phase 2) bilden eine wichtige Grundlage zur klaren Eingrenzung der Challenge im DesignAgility-Prozess. Die Personas werden bei allen folgenden Schritten immer wieder »mit an den Tisch gesetzt« und die Zwischenergebnisse auf die Bedürfnisse der Personas und das Trendszenario hin überprüft.

2.1 Case-Study: Wie interpretiere ich die Anforderungen und integriere Trends?

Luca vereinbart einen Videocall mit dem Solaranbieter, um die Ergebnisse aus der Discovery-Phase nun in der Interpretation zu verdichten. Luca weiß, dass es für den Erfolg des Projektes entscheidend ist, die richtigen Personen in das erweiterte Team zu bringen. Sie werden durchgehend kreativ und kompetent bei der weiteren Umsetzung beteiligt. Daher verabredet Luca mit dem Kunden einen Kick-off-Workshop mit einem erweiterten Team, der nach der DesignAgility-Methodik organisiert und vorbereitet wird. Gemeinsam mit dem Auftraggeber überlegt Luca, welche Kompetenzen für den weiteren Projektverlauf wichtig sind und welcher erweiterte Personenkreis dafür zur Verfügung steht. Jede Perspektive aller Projektbeteiligten sollte von Anfang an berücksichtigt werden. Bei Bedarf werden externe Experten hinzugezogen.

Der Workshop startet, und Luca stellt die Daten aus den Interviews und Recherchen vor. Gemeinsam beginnt das Team, die Daten zu gewichten und Relevantes von Irrelevantem zu trennen. Der wichtigste Aspekt in der DesignAgility ist das Denken aus der Nutzerperspektive. Um den Nutzer greifbar zu machen, schlägt Luca vor, stellvertretend für alle Teilzielgruppen jeweils eine Persona zu skizzieren. Wie ist die aktuelle Situation der Persona? Welche Erwartungen hat sie, was denkt und fühlt sie? Wo drückt der Schuh, welchen Bedarf hat die Persona? Wie ist die alternative Lösung im Moment? Der Erste aus dem Team greift Gehörtes aus den Insight-Interviews auf und skizziert die erste Persona auf einem Work Sheet aus der DesignAgility. Das Team diskutiert, ergänzt und überprüft. Das »Hineinfühlen« in die Persona mit dem Work Sheet »Empathy Map« wird zuerst belächelt, doch jetzt wird klar, dass die Bedürfnisse der Zielgruppe viel greifbarer werden, wenn man bildlich sieht, wer was wirklich braucht und für wen man was entwickelt. Auf dem Work Sheet »Persona« steht neben jeder Figur ein Name mit einer Kernaussage – dem Hauptbedürfnis des Repräsentanten dieser Teilzielgruppe. Luca fasst noch einmal zusammen, dass diese Personas von nun an alle DesignAgility-Schritte begleiten und immer mit »am Tisch sitzen« werden.

Diese Perspektive hilft bei der Erarbeitung der Lösung, die Zielgruppen des Solaranbieters effektiv zu erreichen und neue Kunden anzuziehen. Das Team auf der Kundenseite ist diese Art der Herangehensweise zwar nicht gewöhnt, erkennt aber sehr schnell die Vorteile durch die kollaborative und co-kreative Arbeitsweise mit den Team-Kolleg*innen aus dem Audience Development Team.

Um Zukunftsszenarien systematisch bei der Innovation zu berücksichtigen, werden im Trendszenario (s. Work Sheets) die wichtigsten Technologietrends berücksichtigt (z. B. Gartner Technology Cycle), die die Zielgruppen jetzt und in Zukunft sehr wahrscheinlich beeinflussen. Welchen Trends sind unsere Personas ausgesetzt? Was beeinflusst ihr Nutzungs- und Kaufverhalten? Wie müssen wir die Trends im Rahmen unserer Challenge berücksichtigen?

2.2 Interpretation – Warum diese Phase?

In der Interpretation-Phase erstellen wir aufbauend auf den in der Discovery-Phase recherchierten Daten und identifizierten Teilzielgruppen systematisch die sogenannten *Personas* und erfassen damit deren Erwartungen und die aktuelle Situation, in der sie sich befinden. Die Bedürfnisse werden im Kern erfasst und die Hauptanforderung für das Vorhaben formuliert. Um zu verstehen, in welchem Umfeld sich die Personas bewegen, wenn das Produkt oder der Service sich im Markt befinden, wird hierzu der Markt beleuchtet. Im weiteren Verlauf des DesignAgility-Prozesses werden diese Ergebnisse immer wieder herangezogen, um die einzelnen Zwischenergebnisse zu überprüfen. Diese Nutzerperspektive ist entscheidend – kann diese nicht klar formuliert werden, gehen Sie noch einmal zurück in die Discovery-Phase, um das Thema genauer zu recherchieren und Ihre Persona genauer zu beschreiben.

Die Interpretation ist wichtig, weil …

- … Sie hier die gesammelten Daten aus der Discovery in Ihren Zusammenhängen deuten;
- … die Personas mit ihren Kern-Nutzeranforderungen für alle weiteren Phasen definiert werden;
- … Sie das Marktumfeld näher betrachten;
- … hier die Trendszenarien gebildet werden.

2.3 Wie? Schritte in der Interpretation

- Interpretation (U3)
- Trendszenarien (U4)

2.3.1 Interpretation: Personas skizzieren und Nutzeranforderungen formulieren (U3)

Vorbereitung

- Challenge bereithalten,
- erhobene Daten,
- definierte Teilzielgruppen.

Ablauf

1. Überlegen Sie, wie viele Personas Sie erstellen müssen, um die Teilzielgruppen mit je einem Stellvertreter abzudecken.
2. Nehmen Sie die Daten aus der Discovery und gehen auf die Empathieebene, um aus der anonymen Masse der Zielgruppe greifbare Menschen mit Bedürfnissen und Erwartungen zu skizzieren.
3. Skizzieren Sie eine Persona und fügen ihr beschreibende Merkmale hinzu.
4. Formulieren Sie eine Kernaussage zu der Persona als Hauptbedürfnis.

So viel Zeit sollten Sie einplanen

Ca. 2 Stunden.

Das brauchen Sie für die Durchführung

- Unsere Work-Sheet-Vorlagen »Personas« und »Empathy Map« (s. Downloads auf www.designagility.de) oder
- Flipchart und Stifte oder
- digitales Whiteboard (z. B. Miro®).

Das kann passieren, und so können Sie reagieren

Sind die Personas zu einfach und passen eher auf jede x-beliebige Person als auf einen typischen Repräsentanten der Zielgruppe, dann bitten Sie eine Person aus dem Team, in die Rolle der Persona zu schlüpfen und nach Storytelling-Prinzipien zu erzählen. Sie werden dabei merken, wo Sie noch konkreter werden müssen. Besprechen Sie im Team, ob die Formulierung der Kernanforderung zu der jeweiligen Persona passt. Sie werden im Laufe des Prozesses merken, wie wichtig diese Grundlage der Persona-Bildung ist und wie Sie dadurch immer tiefer in die Nutzerebene eintauchen.

2.3.2 Anwendungsbeispiel: Persona definieren

»Beschreiben Sie mit einer Kernaussage das Hauptbedürfnis Ihrer Persona«

In dieser Phase erstellen Sie typischerweise die sogenannten *Proto-Personas.* Diese sind zunächst Annahmen, die durch Interviews mit Repräsentanten aus der Zielgruppe überprüft und ggf. angepasst werden. Blicken Sie zurück auf die recherchierten Daten aus der Discovery. Wer ist Ihre Zielgruppe, und wie können Sie aufgrund Ihrer Recherche mehrere typische Personas (so viele wie nötig, so wenige wie möglich) beschreiben, die ihr zukünftiges Produkt oder Service nutzen wird?

1. Skizzieren Sie Ihre Personas: Geben Sie ihnen Name, Alter, Hobby, Beruf etc. (und andere für Ihr Vorhaben relevante Merkmalsausprägungen).
2. Tauchen Sie in die Empathieebene ein: Was denkt, fühlt, sieht die Persona? Wie handelt Sie? Was ist ihr wichtig? Was nervt sie besonders?
3. Versuchen Sie die Kern-Nutzeranforderung in einem Satz zu beschreiben, *warum* diese Persona Ihr Produkt oder Ihren Service braucht: »Als ›Persona X‹ brauche ich ›Funktion Y‹ für den ›konkreten Nutzen Z‹.«

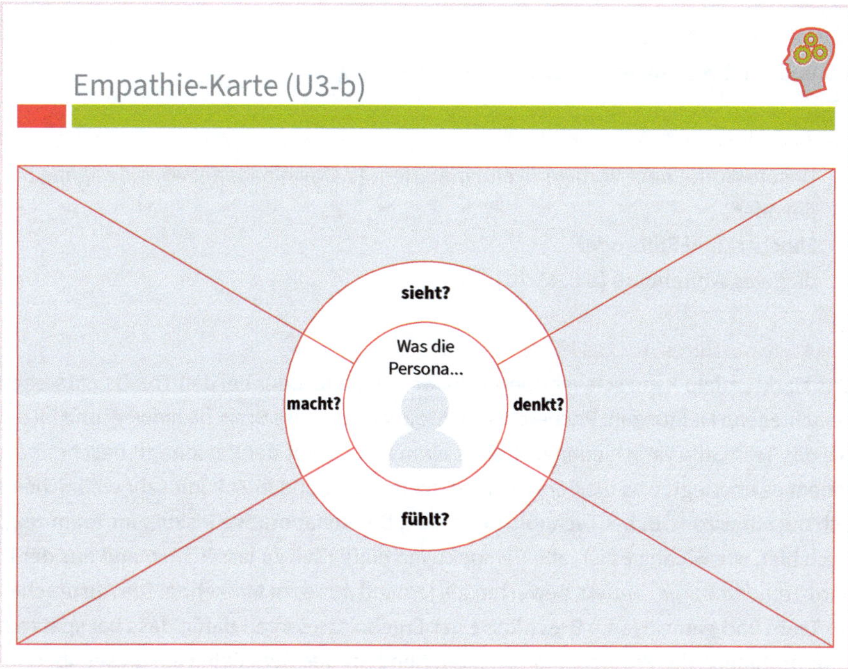

Abb. 18: Empathie-Karte aus Sicht der Persona ausfüllen

2.3.3 Trendszenarien identifizieren (U4)

Vorbereitung

- Personas,
- Daten aus Discovery,
- relevante Technologietrends (z. B. aus den aktuellen Gartner Trend Reports).

Ablauf

Im zweiten Schritt werden Szenarien entwickelt, die Technologie- oder auch Markt- und Wettbewerbsentwicklungen berücksichtigen, mit der die Persona konfrontiert werden könnte:

1. Werfen wir einen Blick in die Zukunft: In welchem Marktumfeld werden unsere Personas auf die Innovation treffen? Welche alternativen Anbieter müssen wir berücksichtigen? Nennen Sie die Top 3.
2. Wählen Sie einen Aspekt (den wichtigsten!) Ihrer Challenge aus, und beschreiben Sie im Bezug darauf, wie sich das Umfeld bis zur Fertigstellung Ihrer Lösung verändern könnte.
3. Wissen, was wichtig wird: Identifizieren Sie mögliche (technologische) Zukunftstrends. Entwickeln Sie Szenarien, und beschreiben Sie die Entwicklung Ihrer Lösung in diesem Trend.

So viel Zeit sollten Sie einplanen

1 Stunde (mit vorhandenen Daten aus der Discovery).

Das brauchen Sie für die Durchführung

- Unsere Work-Sheet-Vorlage »Trendszenarien« (s. Downloads auf www.designagility.de) oder
- Flipchart und Stifte oder
- digitales Whiteboard (z. B. Miro®).

Das kann passieren, und so können Sie reagieren

Das Marktumfeld kann schwer überblickt werden, und/oder bei den Trends entstehen verschiedene Meinungen. Recherchieren Sie auch über Ihre Branche hinweg, und bitten Sie das Team, die verschiedenen Trends einmal aus Sicht der Persona zu beschreiben, indem es überlegt, was die Persona jetzt schon nutzt und in Zukunft sehr wahrscheinlich nutzen wird (z. B. bei Technologietrends). Der kollaborative Diskurs im Team zeigt auch hier, wie wichtig es ist, alle Perspektiven einfließen zu lassen. Jemand aus der IT wird Trendszenarien anders bewerten als jemand aus dem Marketing. Die Absprachen im Team und gemeinsame Beschlüsse der Ergebnisse sorgen dafür, dass bei späteren Überprüfungen des Prototyps mit »echten Kunden« *alle* Beteiligten auf dieser übereinstimmenden Basis aufbauen können.

2.3.4 Anwendungsbeispiel: Trendszenario

Bei allen innovativen Vorhaben ist es entscheidend, sich der potenziellen Marktgröße und möglicher Marktteilnehmer und der wichtigsten Stakeholder bewusst zu werden. Neben der Analyse bestehender Umgebungen ist es daher wichtig, digitale Trends zu beobachten und Szenarien durchzuspielen, die die Entwicklung des Produkts oder Services in diesem neuen Markt darstellen. (Hinweis: Hier kann bei Veränderungsprojekten auch der interne Markt, z. B. sich verändernde Mitarbeiterstrukturen, gemeint sein)

1. Identifizieren Sie Ihnen bekannte weitere Marktteilnehmer, und zeichnen Sie diese auf ein Flipchart bzw. Work Sheet neben Ihre Challenge.
2. Diskutieren Sie im Team, welche technologischen Trends sich in den nächsten 1–3 Jahren durchsetzen werden. Greifen Sie auf recherchierte Daten zurück.
3. Skizzieren Sie die Entwicklung Ihrer Innovation in verschiedenen Trendszenarien.

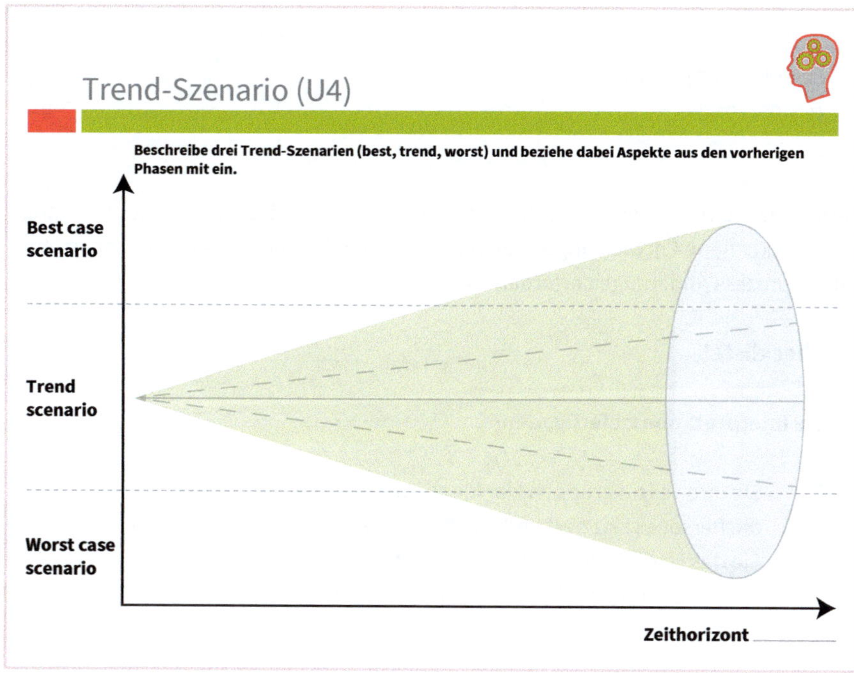

Abb. 19: Trend-Szenarien bilden

2.4 Blick zurück nach vorn

Eine genaue Betrachtung der Zielgruppe und eine klare Beschreibung der Persona sind der Dreh- und Angelpunkt für alle weiteren Phasen. Mit der Interpretation haben Sie die ersten greifbaren Deliverables (d.h. kleine Teilergebnisse, die für sich allein schon wertvoll und vollständig sind und im weiteren Prozess wichtig bleiben) geschaffen, die zu späteren Phasen immer wieder hervorgeholt werden. Wir empfehlen, mit Visualisierungen (Zeichnungen oder Fotos reeller Figuren) zu arbeiten und Texte aus der Perspektive der Persona zu formulieren (Ich-Botschaften in der Empathy Map).

Tipp

Unsere Erfahrung zeigt, dass das gemeinsame Erstellen mit Stift und Papier (auch in digitaler Form) zu mehr gemeinsamer Aktivität, Austausch und schlussendlich Akzeptanz im Team führt. Die Frage, für *wen* die Innovation nützlich ist, wird in der Interpretation beantwortet. Die Betrachtung der Szenarien sorgt dafür, nicht nur die Persona losgelöst zu betrachten, sondern ihr Umfeld in dieser wichtigen frühen Phase direkt mit zu berücksichtigen.

Ergebnisse sichern

- Personas, Empathy Map,
- Trendszenarien.

Was noch? Trendscout

Passen Sie die Trendszenarien unbedingt jederzeit an, falls Sie im Laufe des DesignAgility-Projekts neue Entwicklungen aufspüren oder die Erkenntnisse im laufenden Innovationsprozess Änderungen erfordern sollten.

> **Checkliste!**
>
> Die **Interpretation** ist fertig, wenn …
>
> - ☐ … Sie Ihre Teilzielgruppen klar identifiziert haben.
> - ☐ … die Personas skizziert und ihre Kernanforderung formuliert sind.
> - ☐ … Sie das Marktumfeld beschrieben haben.
> - ☐ … Trendszenarien für Ihre Innovation erstellt sind.

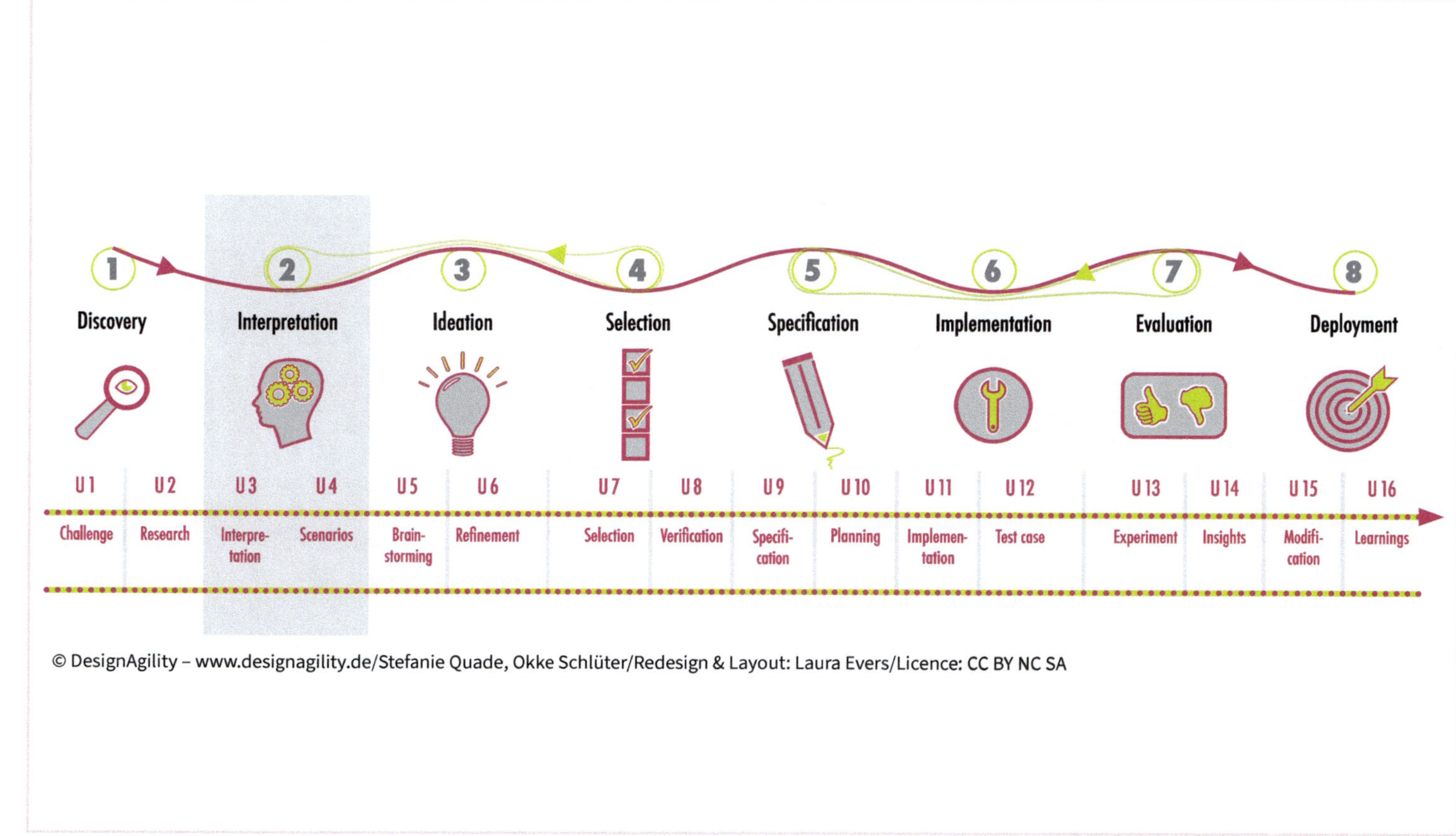

1 Discovery
2 Interpretation
3 Ideation
4 Selection
5 Specification
6 Implementation
7 Evaluation
8 Deployment
U1 Challenge
U2 Research
U3 Interpre-tation
U4 Scenarios
U5 Brain-storming
U6 Refinement
U7 Selection
U8 Verification
U9 Specifi-cation
U10 Planning
U11 Implemen-tation
U12 Test case
U13 Experiment
U14 Insights
U15 Modifi-cation
U16 Learnings

3 Ideation: Ein Maximum an Ideen generieren

»Kreativität kann fast jedes Problem lösen. Der schöpferische Akt, die Überwindung der Gewohnheit durch Originalität, überkommt alles.«
George Lois

Ideation bezeichnet in einem Wort, worum es in dieser Phase geht: um Ideen. Die Bedeutung – oder auch der Wertschöpfungsanteil – dieser Phase für das Projektergebnis ist hoch. Entsprechend sollte die Ideation gut vorbereitet und unter inspirierenden Bedingungen durchgeführt werden. Der entscheidende Unterschied zu einer gewöhnlichen Ideenfindungsphase ist die Vorarbeit: Durch die Ergebnisse aus Discovery und Interpretation verfügen die Teilnehmer der Ideation über eine wertvolle Wissensbasis. Sie sind bereits sensibilisiert für Anforderungen, Erwartungen und Wettbewerbsvorteile. Insofern handelt es sich bei der Ideation um eine »qualifizierte Ideenfindung«. Die Vorarbeit setzt dabei Akzente, ohne den Blickwinkel einzuschränken.

Die Leitfragen in der Ideation sind:

- Wie lassen sich die Erwartungen und Wünsche der modellierten Personas in Form sogenannter User-Stories (alternativ: Jobs-to-be-done) beschreiben?
- Welche Produktmerkmale (Features) oder Services innerhalb eines neuen Veränderungsprozesses oder Dienstleistung kann man daraus ableiten?

Aus den Ergebnissen der Ideation werden in der sich anschließenden Selection die vielversprechendsten Ideen ausgewählt.

3.1 Case-Study: Wie gelange ich kreativ und konstruktiv zur Innovation?

In dem Projekt mit dem Solarkunden hat Luca als Nächstes einen Workshop für die Ideation angesetzt. Die Terminfindung hat etwas gedauert, weil Luca einige Rahmenbedingungen wichtig waren:

- ein Vormittagstermin für die kreative Arbeit mit klaren, frischen Gedanken;
- möglichst ein Termin an einem gemeinsamen physischen Ort, virtuelle Settings sind zwar machbar, eignen sich jedoch weniger für »kreative Anfänge«;
- ein heller Raum mit angenehmer Atmosphäre und Nutzbarkeit aller Wände.

Außer Luca und den zwei Kollegen aus dem Content-Team der Agentur nimmt nun auf der Kundenseite ein erweitertes Projektteam teil: die Projektleiterin und Marketing-Managerin, ein UX/UI-Kollege aus ihrem Produktteam, zwei Personen aus dem Kundenservice, die vor allem die Beschwerden der Kunden hautnah erleben sowie ein

Digital- und Kommunikationsexperte, der die Solarprodukte und -Stories intern über die verschiedenen Kommunikationskanäle steuert, das Content-System im Hintergrund strukturiert und die Solarprodukte gut kennt und beschreiben kann.

Die Personas sind dem erweiterten Projektteam mittlerweile vertraut. Lucas Kollegen können sich durch die ersten Interviews gut in die Personas hineinversetzen, ganz besonders die Ergänzungen aus den Gesprächen im Kundenservice bereichern und ergänzen noch einmal eine kritische Perspektive der Personas.

Luca erklärt zu Beginn den Ablauf des Workshops und, was eine gute User-Story ausmacht. Die Systematik der User-Stories stößt zunächst bei einigen Personen im Projektteam auf Skepsis. Als Luca die Vorgehensweise in ihren eigenen Worten erklärt, merkt sie, wie die Zustimmung steigt. Ein Beispiel aus dem DesignAgility-Buch hilft zur Veranschaulichung.

Anschließend fangen alle zunächst allein an, User-Stories zu schreiben. Die ersten entstehen noch zögerlich, doch dann merken alle, wie das Denken in der User-Story-Systematik hilft, die Anforderungen immer tiefer aus den Bedürfnissen des Nutzers zu formulieren. Nach der ersten Kreativphase sind 30 User-Stories entstanden, nach der zweiten sogar 50. Besonders in der zweiten Runde, nachdem alle ihre ersten Stories sichtbar für alle platziert haben, kristallisieren sich im kreativen Austausch untereinander viele interessante Ideen heraus, die alle begeistern. Luca weiß, dass es wichtig ist, an dieser Stelle keine Idee einzugrenzen. In der Ideation ist es gewollt, auf den Ideen der anderen aufzubauen und sich gegenseitig zu ermutigen, über die Grenzen hinaus zu denken.

Die Gruppe ist geradezu euphorisch, was Luca als großen Erfolg empfindet. Das positive Feedback zu den einzelnen Ideen stärkt das gegenseitige Vertrauen, was für den weiteren Projektverlauf eine wichtige Grundlage ist.

Luca stellt fest, dass DesignAgility als Methode bei dem Solarauftraggeber endgültig angekommen ist. Das Erleben der Methode und sichtbare Ergebnisse haben viel mehr bewirkt als die Erläuterungen im Vorfeld.

3.2 Ideation – Warum diese Phase?

»Die vollständige Immersion und Identifikation mit den Personas führen zu guten User-Stories«

Die Ideation führt die vorangegangenen Schritte Discovery und Interpretation fort: Die Recherchen und Interpretation der Ergebnisse ermöglichen die Identifikation und Empathie mit der Zielgruppe. Umgekehrt muss unbedingt vermieden werden, dass man sich zu sehr an vorhandenen Technologien, existierenden Produkten, bestehenden Services oder anderen Assets und Prozessen orientiert.

Dazu arbeitet die Ideation mit User-Stories, die bereits in Kapitel 2 »Interpretation« erwähnt wurden. User-Stories werden in einfachen Sätzen aus Nutzersicht ohne technische Fachausdrücke geschrieben und passen auf eine Metaplankarte/Haftnotiz (auch wenn sie oft digital verfasst werden).

Aus jeder einzelnen User-Story können dann ein oder mehrere Features (Funktionalitäten eines Produkts oder mögliche Veränderungsschritte in einem neuen Service/Prozess) abgeleitet werden. Die Features sind streng genommen das eigentliche Ergebnis der Ideation, weil sie die Grundlage zur Erstellung von Prototypen darstellen. Dieses Vorgehen ist Kernbestandteil der DesignAgility.

Die Ideation ist wichtig, weil Sie hier ...

- ... (durch die vorherigen Recherchen) qualifiziert brainstormen;
- ... immersiv in die Welt Ihrer Zielgruppe eintauchen und aus deren Perspektive denken;
- ... ohne Denkverbote visionäre Ideen generieren;
- ... im Team voneinander profitieren, weil Sie sich gegenseitig auf weitere Ideen bringen;
- ... in kurzer Zeit Grundsteine für Erfolgsgeschichten legen können;
- ... mit dem kreativen Denken eine generell wichtige Fähigkeit trainieren.

3.3 Wie? Schritte in der Ideation

- Ideation (U5)
- Refinement (U6)

3.3.1 Ideation (U5): Brainstorming

Vorbereitungen

- Sind die Ziele der Ideation und das Vorgehen allen klar?
- Kennen alle die Personas gut genug? Gibt es Fragen dazu?
- Stellen Sie sich vor, wie sich die Personas in bestimmten Situationen verhalten – je besser Sie das improvisieren können, desto besser kennen Sie die betreffende Persona.
- Wissen alle, wie und wozu man User-Stories schreibt?

Ablauf

1. Erste Runde User-Stories aus Sicht der Personas (auf Metaplankarten oder digital/ s. Abb. 20).
2. Karten für alle sichtbar auslegen oder digital allen zugänglich machen.
3. User-Stories im Team vorlesen und ggf. erläutern.
4. Zweite, ergänzende Runde User-Stories, um Lücken zu schließen und die Qualität zu steigern.
5. Ableitung möglicher Funktionalitäten (Produkt- oder Servicefeatures) aus den User-Stories (als extra Haftnotiz, auf die Rückseite der Karten oder als weitere Spalte einer Tabelle).

Beim Brainstorming muss Raum für und Akzeptanz gegenüber ausgefallenen Ideen vorhanden sein, zunächst ist alles erlaubt.

So viel Zeit sollten Sie einplanen

1,5–2 Stunden, länger reicht die Konzentration und Energie meist ohnehin nicht. Im Zweifelsfall lieber noch einen zweiten Termin ansetzen.

Das brauchen Sie für die Durchführung

- Moderatorenkoffer, insbesondere Metaplankarten und Stifte einer mittleren Stärke; s. auch weiter oben »Vorbereitungen«.
- digitales Whiteboard (z. B. Miro®) oder kollaboratives Dokument mit Tabelle, in der die User-Stories systematisch erfasst werden.

Das kann passieren, und so können Sie reagieren

- Den Teilnehmern fällt nichts ein: Animieren Sie sie dazu, sich ganz in eine Persona hineinzuversetzen und aus dieser Perspektive zu denken.
- Die User-Stories verteilen sich ungleichmäßig auf die Personas: Verteilen Sie Zuständigkeiten für einzelne Personas, damit alle gleichmäßig abgedeckt sind.
- Ideen wiederholen sich häufig: Sehen Sie dies positiv als Bestärkung und erschließen in einer nächsten Runde weitere Felder.
- Kritik an einzelnen Ideen: Fordern Sie positives Denken ein. Selektiert wird erst später.

3.3.2 Anwendungsbeispiel: User-Stories

Nach der gründlichen Lektüre der Personas versetzen wir uns in sie hinein und beschreiben aus ihrer Sicht, wie sie das in der Challenge beschriebene Problem gerne gelöst hätten. Im Detail empfiehlt sich dabei folgendes Vorgehen:

1. Beschreibung der betreffenden Persona genau lesen und sich diese detailliert vorstellen.
2. Was ist eine für diese Persona typische Situation?

3. User-Story formulieren: »Als ›Persona‹ (die sog. Benutzerrolle) möchte ich ›Funktion’ haben, damit ich ›Nutzen ‹ erhalte.«
4. Durch welche Produktfunktion oder Servicekomponente wird dieser Nutzen möglich?
5. Überprüfen: Ist die User-Story vollständig und präzise?
6. Gemeinsames Offenlegen: Vorstellen und Clustern der einzelnen Stories am Miro-Board, auf großem Tisch/Metaplanwand oder in einer kollaborativen Datei, damit dies ggf. andere Teilnehmer*innen inspiriert.

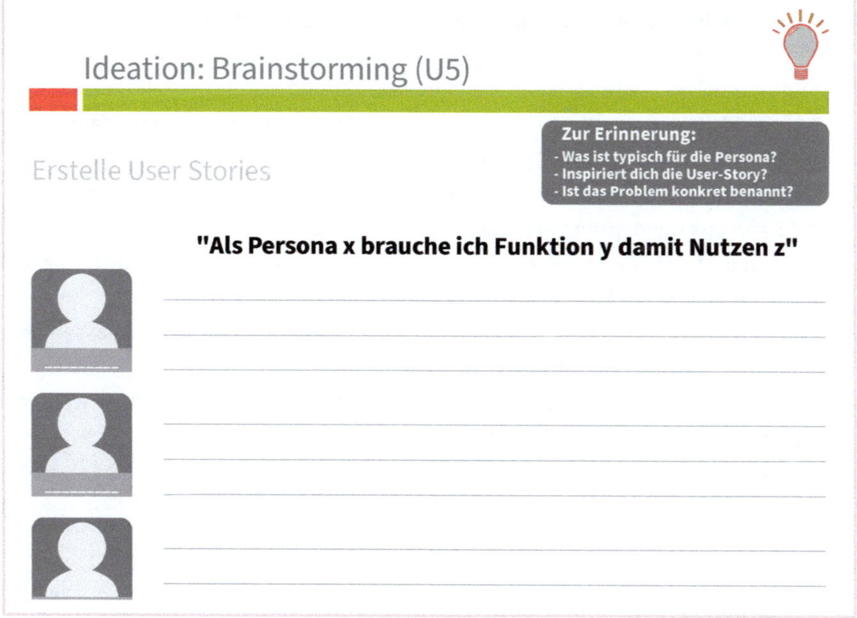

Abb. 20: User Stories – Nutzen Sie unsere Vorlage aus den Worksheets oder alternativ Haftnotizen

3.3.3 Refinement (U6): Ideen clustern, verfeinern

Ablauf

- In diesem Schritt werden die Ideen im Team thematisch sortiert (geclustert).
- Beim Sortieren geht es vor allem darum, ähnliche Ideen oder gar Doubletten zusammenzulegen.
- Alle Ideen werden noch mal einzeln vorgelesen und eventuell kurz erläutert.
- Bei Bedarf werden die User-Stories und/oder Features präzisiert.
- Sind die User-Stories in der vorgegebenen Struktur formuliert, sind Granularität und Detaillierungsgrad sinnvoll?
- Spiegeln sich alle Aspekte der Challenge in der Summe der User-Stories wider, oder gibt es Lücken, die durch Ergänzungen geschlossen werden sollten?

Während in der Kreativphase visionäre und assoziative Empathie gefragt ist, erfordert die Verfeinerung eher logisch-strukturierendes Denken. Oft dominieren deshalb verschiedene Personen die beiden Teilschritte.

So viel Zeit sollten Sie einplanen

1,5–2 Stunden je nach Ideenzahl und Diskussionsbedarf.

Das brauchen Sie für die Durchführung

- Ergebnisse (Karten) des Brainstormings,
- Flächen (Wände oder Tische) für die Karten bzw. eine kollaborative Datei.

Das kann passieren, und so können Sie reagieren

- Schwierigkeiten beim Clustern: nach anderen Sortierkriterien suchen, dann ergeben sich meist auch andere Gruppen.
- Enttäuschung beim Sortieren: Ideen wirken plötzlich wenig innovativ und chancenlos. Dann aus Kundensicht erzählen, noch mal in das Problem aus Nutzersicht eintauchen und sich fragen: Was braucht diese Person wirklich, was würde ihr Leben leichter machen, wie kann er/sie sein Ziel noch besser erreichen?
- Beim Sortieren kommen den Teilnehmer*innen weitere Ideen: Alles zulassen und dokumentieren, das ist besonders wertvoll.
- Viele Doubletten: Bestätigung der vorhandenen Ideen (gut), eventuell weiteres Brainstorming ansetzen und etwas tiefer und differenzierter denken.

3.3.4 Anwendungsbeispiel: Verfeinerung der Ideen aus der Ideation

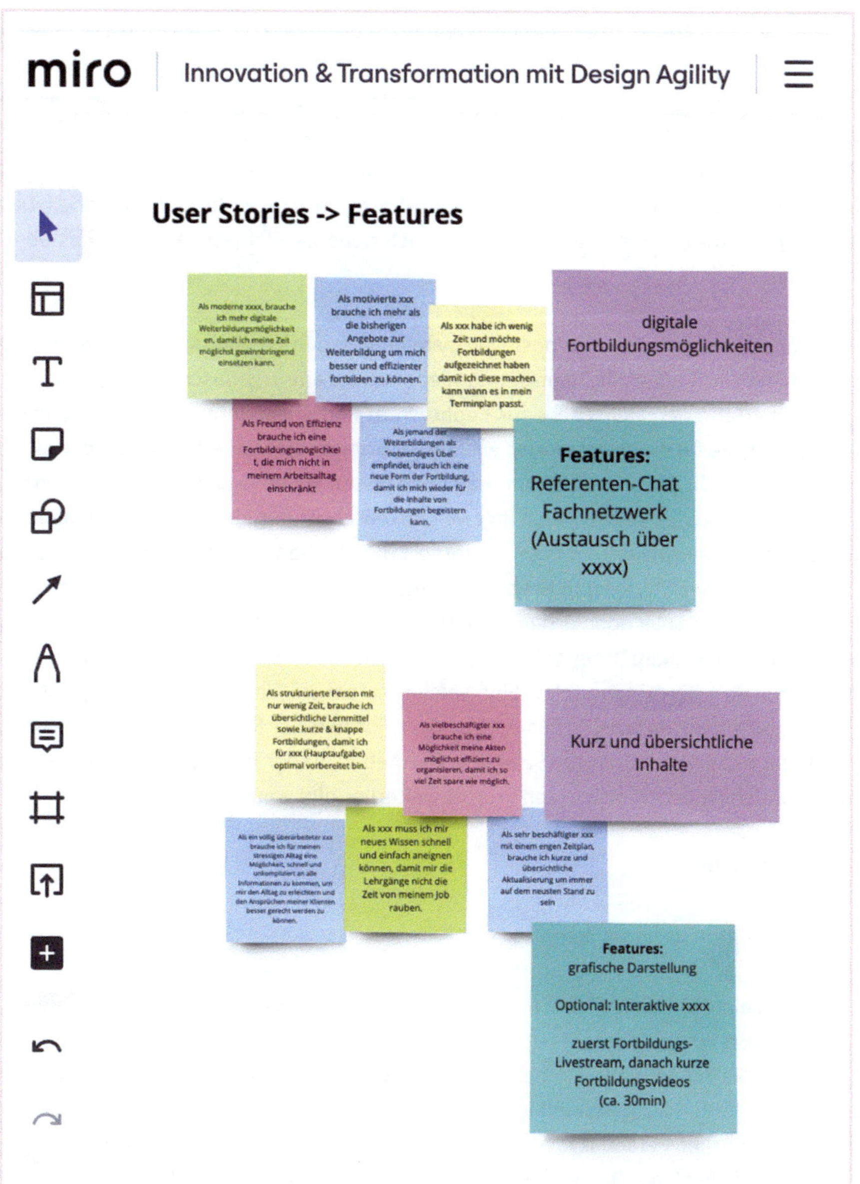

Abb. 21: Refinement: Ideen im Team sortieren, clustern, präzisieren – hier am Beispiel mit sticky notes im MIRO Board

3.4 Blick zurück nach vorn

»Als Ergebnis der Ideation erhalten wir die Essenz der Kreativität des Teams.«

Die Ideation bringt ein Innovationsprojekt sichtbar voran: Nach den vorbereitenden Analysen wird das Projektteam jetzt produktiv. Am Ende der Ideation hat man eine Fülle von Ideen. Häufig ist die Ideation recht emotional geprägt: Aus anfänglichen Zweifeln (»Hoffentlich fällt mir überhaupt etwas ein!«) werden Zuversicht und Euphorie (»Das ist die perfekte Lösung!«), aber eventuell auch neue Zweifel (»Schaffen wir das überhaupt?«).

Wichtig ist eine grundsätzlich positive Einstellung zu den Ergebnissen der Ideation, die aufeinander aufbauend im Team entstanden sind. Gerade in gemischten Teams aus jungen und erfahrenen Menschen, aus Euphorikern und Skeptikern erwächst eine Wertschöpfung, die für die Innovation so wichtig ist. Bringen Sie alle Gedanken auf den (auch virtuellen) Tisch, diskutieren Sie im Team, und lassen Sie neue Ideen zu, auch wenn Sie im ersten Moment zweifeln. Auch im zweiten Teilschritt der Ideation (U6: Refinement) wird noch nicht kritisiert. Im Ergebnis fördert die Ideation also (möglichst) viele Ideen in Form von User-Stories und Features zutage. Die kritische Durchsicht bleibt der sich anschließenden Selection vorbehalten. Diese Trennung ermöglicht eine konstruktive, optimistische Grundhaltung während der Ideation, weil anschließend wieder eine stärker rationale Überprüfung folgt. Eine solche temporäre »Insel der Glückseligkeit« ist wichtig, um Denkverbote, Tabus oder andere Formen der Selbstzensur auszuhebeln. Die Ergebnisse werden an die Selection übergeben, in der dann entschieden werden muss, welche Ideen im konkreten Projekt weiterverfolgt werden.

Checkliste!

Die **Ideation** ist fertig, wenn …

- ☐ … ein gemischtes Team mit komplementärer Expertise und Erfahrung viele Ideen hervorgebracht hat.
- ☐ … Sie einigermaßen sicher sind, dass das kreative Potenzial des Teams damit (vorläufig) ausgeschöpft ist.
- ☐ … zu allen Personas Ideen in Form von User-Stories formuliert wurden.
- ☐ … zu den User-Stories die notwendigen Features notiert wurden.
- ☐ … Sie die Ergebnisse sortiert und auf Stimmigkeit geprüft haben.

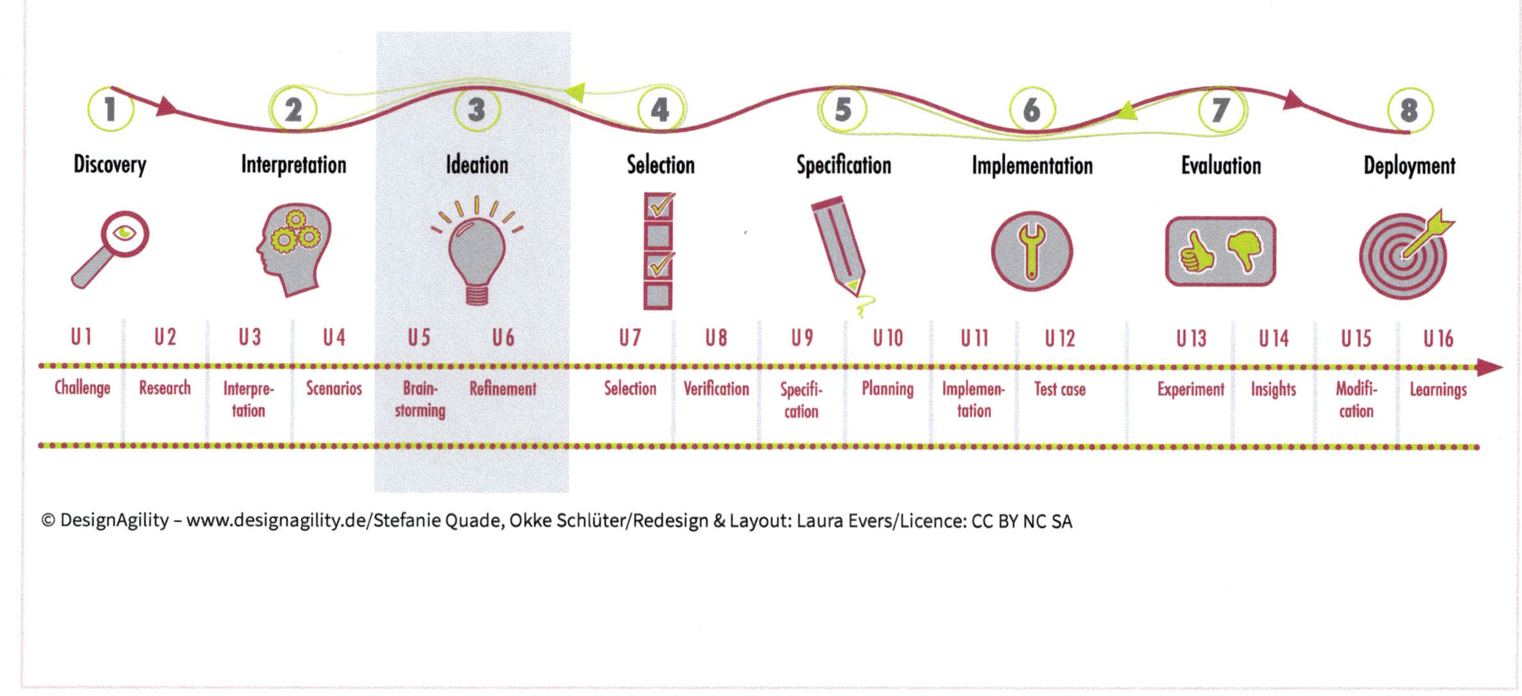

1
2
3
4
5
6
7
8
Discovery
Interpretation
Ideation
Selection
Specification
Implementation
Evaluation
Deployment
U1
U2
U3
U4
U5
U6
U7
U8
U9
U10
U11
U12
U13
U14
U15
U16
Challenge
Research
Interpre-tation
Scenarios
Brain-storming
Refinement
Selection
Verification
Specifi-cation
Planning
Implemen-tation
Test case
Experiment
Insights
Modifi-cation
Learnings

4 Selection: Ideen auswählen und überprüfen

»Man muss nicht nur mehr Ideen haben als andere, sondern auch die Fähigkeit besitzen zu entscheiden, welche dieser Ideen gut sind.«
Linus Carl Pauling (zweifacher Nobelpreisträger)

Die Selection greift die Ideen aus der Ideation auf, wählt eine zur Umsetzung aus und überprüft das Innovationsvorhaben auf die Nutzerperspektive hin. Hierzu werden die Ergebnisse aus der Ideation im Team vorgestellt und aus verschiedenen Blickwinkeln betrachtet. Die vielversprechendste Idee wird in einer ersten Version zum Leben erweckt. Das Team schlüpft in die Rolle des Anwenders und schildert aus Nutzersicht die Erfahrung mit dem neuen Produkt/Service.

Um nun aus Nutzersicht die Idee vor der nachfolgenden Phase der Specification zu überprüfen, werden in der Selection folgende Fragen gestellt:

- Was ist das lösenswerteste Problem aus Nutzersicht? Welches ist der dringendste Pain Point?
- Auf welche Idee wollen wir uns daher für die Umsetzung fokussieren?
- Welchen Mehrwert erfahren die Personas durch die Lösung?
- Wie funktioniert die angedachte Lösung genau?
- Passt die Lösung wirklich zur identifizierten Zielgruppe?

Als Ergebnis folgt aus der Selection eine aus Nutzerperspektive priorisierte Idee, die nun in den nächsten Phasen bis zum Prototyp umgesetzt wird, um dann von echten potenziellen Nutzern validiert zu werden. Alle Teilergebnisse aus den vorangegangenen Phasen fließen hier zusammen. Die Selection liefert eine grobe erste Version einer möglichen Lösungsidee zu dem identifizierten wichtigsten Problem Dies wird in den folgenden Phasen in weiteren Details spezifiziert und in der Evaluation erprobt, bevor es in der Deployment-Phase modifiziert wird und die finalen Ergebnisse der Innovation als Entscheidungsgrundlage in ein weiteres Umsetzungsprojekt vorgestellt werden.

4.1 Case-Study: Welche Ideen werden weiterverfolgt?

Der Auftraggeber von Luca ist von der Vorgehensweise der DesignAgility überzeugt, um die »Audience« besser und zielgenauer zu erreichen und die Solarlösungen und deren Kommunikation voranzutreiben. Bisher wurden diese Aufträge für viel Geld komplett von externen Agenturen umgesetzt. Dies hat jedoch weder den gewünschten Erfolg auf der Umsatzseite gebracht, noch hat sich das interne Team mit den Arbeiten der Agentur komplett identifizieren können, und zudem nahmen die Beschwerden zu. Das hat sich jetzt alles geändert.

Für die Selection betrachtet das Team zunächst die Ergebnisse aus der Ideation. Luca bestärkt Einzelne dabei, die Leidenschaft für ihre favorisierten Ideencluster aus der Ideation mit den vielen User-Stories zu zeigen. Gleichzeitig ist es wichtig, den Mut zu haben, sich von seinen lieb gewonnenen Ideen zu verabschieden (»Kill your darlings«), wenn durch die Teamdiskussion neue Erkenntnisse zu dieser Entscheidung führen. Luca motiviert alle dazu, die Vorschläge anderer erneut aufzugreifen und zu ergänzen. Luca nutzt die Timer-Funktion des Smartphones, um dem Team Zeit für die aktive Ideenauswahl zu geben, den Prozess aber auch einzugrenzen, damit die Ideen nicht zerredet werden. Im letzten Zeitabschnitt konzentriert sich das Team darauf, die vielversprechendsten Ideen zur Umsetzung zu selektieren, die scheinbar einen Großteil der Nutzerbedürfnisse adressieren: Man könnte ein virtuelles Erlebnis für die potenziellen Kunden schaffen, das eine immersive Vorschau von der Solarlösung, angepasst an die individuellen Voraussetzungen jedes Interessenten, bietet.

Hierbei wird noch einmal ein Blick auf die Personas geworfen, um diese erste Annahme der Auswahl in der Selection kurz kritisch zu überprüfen: Treffen wir mit diesen Ideen den Kern der Bedürfnisse? Denken wir, dass eine Lösung hierzu wirklich innovativ und gleichzeitig machbar ist? Wird diese Idee für die Nutzer einen echten Mehrwert schaffen sowie für uns als Unternehmen?

Luca erklärt den nächsten Schritt: Die Ideencluster formen sich nun zu einer ersten Lösungsvision, die das Team aus Sicht der Personas erzählt. Auf z. B. einem Flipchart erstellt das Team eine User-Journey. Vom Pain Point zum Happy User (s. Work Sheets) wird in vier Bildsequenzen das Erleben des Kunden, der durch die Idee geführt wird, grob skizziert. Die Teilnehmer*innen visualisieren die Situation und das Bedürfnis des Nutzers und skizzieren den ersten Lösungsansatz in den wichtigsten drei Detailschritten. Das visuelle Storytelling durch die skizzierte User-Journey macht die Ergebnispräsentation sehr lebhaft und reduziert den komplexen Inhalt gleichzeitig auf das Wesentliche.

Luca holt die Personas und die Trendszenarien aus der Phase »Interpretation« wieder hervor. Sie bittet das Team, nun alle Personas durch die Journey zu führen, um zu überprüfen, ob die Journey zu den Trendszenarien und zur Zielgruppe passt. Die User-Journey wird so zum Leben erweckt, und gleichzeitig findet eine erste Validierung der Lösungsvision mit den Personas statt.

Dieser Workshop stößt auf große Begeisterung im Team, denn endlich greifen die Ergebnisse der letzten Workshops ineinander. Ausgehend von der Challenge über die Eingrenzung des Problems und die Ideenauswahl wird die Lösung nun zunehmend sichtbar.

4.2 Selection – Warum diese Phase?

In der Selection wird der Auswahl der vielversprechendsten Ideen und der Überprüfung bezüglich des ausgewählten Problems aus der Challenge angemessener Raum gegeben. In mehreren Teilschritten wird der Auswahlprozess durchgeführt, in dem alle Meinungen neutral berücksichtigt werden. Der kreative Prozess der Ideengewinnung in der Ideation und die Ideenauswahl in der Selection sind bewusst in zwei Phasen unterteilt. Eine Pause zwischen den zwei Schritten hilft bei der Reflexion und gibt einen frischen Blick auf alle Ideen. Die Priorisierung und Auswahl der besten Ideen zum dringendsten Problem als eigener Abschnitt ermöglicht es, den Fokus für eine geeignete Lösung festzulegen und zu überprüfen, wie diese aus der Persona-Perspektive erzählt wird.

Nachdem in den ersten drei Phasen die wichtigen Teilaspekte wie das Eingrenzen der Challenge, die Zielgruppe, die Personas, Markt und Trends sowie User-Stories und Ideen vertieft wurden, fließt hier erstmals alles zusammen. Die erste Version einer ausgewählten Lösungsvision wird hier simuliert und auf die vorherigen Teilergebnisse hin überprüft.

Die Selection ist wichtig, weil …

- … Sie hier in einem moderierten Priorisierungsprozess gemeinsam im Team entscheiden, welche Idee als Prototyp umgesetzt wird.
- … Sie die erste grobe Version ihres Produkts, Services oder Änderungsvorhabens in einer vorgegebenen Storyline aus Persona-Perspektive erzählen und den Wert dieser Lösung aus deren Sicht benennen.
- … im Team durch das Eintauchen in die Nutzerperspektive eine erste Ganzheitlichkeit der Lösung und dadurch eine hohe Identifikation mit ihrer Innovation hergestellt wird.
- … hier frühzeitig die erste Version der Lösung auf Zielgruppe, Trends und Rahmenbedingungen hin überprüft wird.

4.3 Wie? Schritte in der Selection

- Ideenauswahl (U7)
- Verification (U8)

4.3.1 Ideen auswählen und im Nutzerkontext erzählen (U7)

Vorbereitung

- User-Stories aus der Ideation,
- Persona und Empathy Map ergänzend dazuholen,
- Work Sheet »User-Journey« (www.designagility.de).

Ablauf

1. Diskutieren Sie im Team, welche Ideen aus der Ideation das wichtigste Problem der Persona lösen und somit für die Umsetzung innerhalb der Rahmenbedingungen am vielversprechendsten sind.
2. Jedes Teammitglied beteiligt sich in einem Bewertungsverfahren an der Ideenauswahl. Gehen Sie erst jede/r für sich (»2 minutes in silence«) und dann gemeinsam im Diskurs nach folgenden Priorisierungsschritten vor:
   - **Desirability:** Welche Bedürfnisse unserer Zielgruppe werden durch unsere Ideen am besten adressiert?
   - **Feasibility:** Welche Ideen lassen sich (vermutlich) am besten realisieren?
   - **Viability:** Wo liegt die größte »Value Creation« (Nutzen) für unsere Kunden und uns (Wertschöpfung/Geschäftsmodell)?
   - **Adaptability within the Ecosystem:** Womit stiften wir den größten übergeordneten Nutzen/Sinn/Mehrwert für die weiteren Stakeholder innerhalb des erweiterten Ökosystems?
3. Skizzieren Sie grob ihre Innovation.
4. Visualisieren Sie die Lösung des Nutzerproblems am Storyboard …
5. … und erzählen Sie aus Nutzerperspektive.

So viel Zeit sollten Sie einplanen

Circa 2–3 Stunden; optional: Starten Sie z. B. mit einer kurzen Warm-up-Runde, um das Team nach der Pause wieder zu aktivieren und aufeinander einzustimmen.

Das brauchen Sie für die Durchführung

- Wenn Sie physisch in einem Raum sind:
  Besorgen Sie Klebepunkte, mit denen Sie den Ideenauswahlprozess steuern können. Halten Sie Flipcharts und ausreichend Stifte bereit.
- Wenn sie remote zusammenarbeiten:
  Nutzen Sie ein Voting am Miro-Board im Team oder eine Abstimmung z. B. via Mentimeter.

Das kann passieren, und so können Sie reagieren

Die Ideenauswahl wird nicht von allen getragen, und/oder im Verlauf der »Story« entwickeln sich verschiedene Sichtweisen zur ersten Lösungsversion: Gehen Sie zurück zur Ideenauswahl, und justieren Sie nach. Nehmen Sie Anpassungen vor, und sprechen die Story mehrmals durch, bis alle im Team die erste Innovationslösung klar nachvollziehen können.

4.3.2 Anwendungsbeispiel: User-Journey-Storyboard

»Beschreiben Sie in der User-Journey die Interaktionen Ihres Nutzers mit dem Produkt/Service«

Die User-Journey verbindet die Elemente aus den ersten drei Phasen mit der ausgewählten Idee, die in Form einer ersten Produktidee/Servicelösung skizziert wurde. Beschreiben Sie das Erlebnis des Nutzers mit dem Produkt in vier Szenen. Wie wird die Innovationslösung aus Nutzersicht verstanden? Welches Bedürfnis wird hierdurch angesprochen, welches Problem gelöst? Hierzu nehmen Sie z. B. ein Flipchart (oder DIN-A4-Blatt oder digitale Alternativen oder Vorlagen für weitere Storyboards) und teilen es in vier Sequenzen:

1. Ausgangssituation und Komplikation der Nutzer.
2. Darstellung des Mehrwerts der Produkt-/Servicelösung.
3. Beschreiben Sie, wie die Lösung funktioniert (in den 3–5 wichtigsten Schritten).
4. Claim – Sagen Sie am Ende zusammenfassend in einem Satz, welchen Nutzen die Lösung für alle Beteiligten hat.

Versetzen Sie sich in die Lage des Nutzers, und erzählen Sie die Story aus Nutzersicht in Ich-Form, von der Challenge bis zum gelösten Problem.

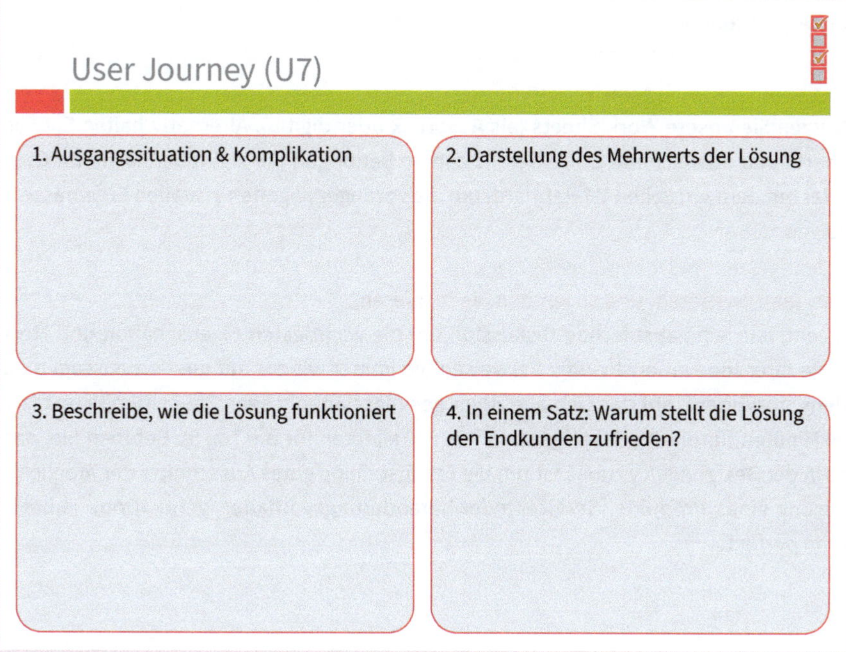

Abb. 22: Aufbau der Erzählstruktur aus Persona-Sicht

4.3.3 Ideen verifizieren an Zielgruppe und Trends (U8)

Vorbereitung

- Favorisierte Ideen aus der Selection,
- User-Journey aus vorherigem Schritt,
- Work Sheet »Trend-Nutzer-Cross-Check« (www.designagility.de).

Ablauf

1. Zeigen Sie Ihre Personas, Markttrends und Szenarien zu den Storyboards sichtbar auf.
2. Erstellen Sie nun ein Trendszenario-Cross-Check, halten Sie dafür ein Flipchart bereit oder nutzen unsere vorbereiteten Work Sheets.
3. Identifizieren Sie im Team die wichtigsten Highlights/Merkmale ihrer Innovationslösung aus Nutzersicht (Top 5).
4. Benennen Sie die wichtigsten Interaktionen (Touchpoints) des Nutzers mit Ihrer Lösung.
5. Visualisieren Sie die Verbindung zwischen den Nutzerinteraktionen und den Trendszenarien, und überprüfen Sie, ob Ihre erste selektierte Lösungsversion Ihrer Innovation sich in die Trends fügt oder ob sie nachjustieren müssen.

So viel Zeit sollten Sie einplanen

Circa 1–2 Stunden.

Das brauchen Sie für die Durchführung

Nutzen Sie unsere Work Sheets (als Ausdruck oder digital). Alternativ halten Sie Flipcharts und ausreichend Stifte bereit. Zudem benötigen Sie viel freie Fläche im Raum oder auf dem virtuellen Whiteboard, um die vorangegangenen visuellen Ergebnisse zu zeigen.

Das kann passieren, und so können Sie reagieren

Es entsteht eine ausufernde Diskussion um die wichtigsten Eigenschaften und Merkmale ihrer Innovationslösung: Verweisen Sie immer wieder auf die Kernaussagen aus dem Storyboard, auf das sich alle zuvor geeinigt haben. Legen Sie Zeitlimits fest (z. B. 30 Minuten für die Produkteigenschaften + 10 Minuten für die Top 5). Betonen Sie, dass es in der DesignAgility zunächst um die Fertigstellung eines Ausschnitts der möglichen Lösung eines Produkts, Services oder Veränderungsvorhaben geht: »Done is better than perfect.«

4.3.4 Anwendungsbeispiel im Team: Trendszenario-Cross-Check

Durchlaufen Sie nun als Team mit Ihren Personas die Innovationslösung, und überprüfen Sie dies im Kontext der Trendszenarien – passt beides zueinander? Visualisieren Sie mit Symbolen statt mit Worten.

1. Was ist der *Trigger*, also das Hauptbedürfnis, für den Nutzer zur ersten Verbindung mit ihrer Innovation innerhalb des Trendszenarios?
2. Wie nutzt die Persona die identifizierten wichtigsten Eigenschaften und Merkmale ihrer Lösung?
3. Legen Sie die wichtigen Entscheidungspunkte fest, also die Interaktionspunkte, die besonders wichtig und kritisch sind.
4. Welche Erfahrungen macht der Nutzer mit Ihrer Innovation? Wo stiftet sie besonderen Mehrwert? Wie entsteht ein positives Erlebnis?

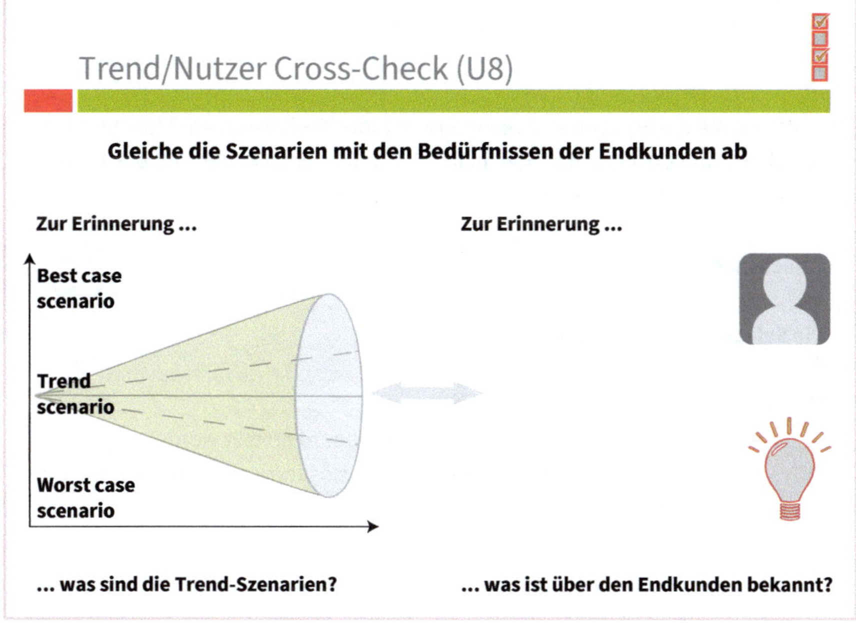

Abb. 23: Trend/Nutzer Cross-Check

4.4 Blick zurück nach vorn

Sie haben mit der Selection (Phase 4) die Halbzeit des DesignAgility-Prozesses erreicht. An dieser Stelle haben Sie Ihre Innovation so weit zugespitzt, dass Sie eine erste Lösungsversion aus Nutzersicht kurz darstellen können. Hier ist auch ein erster wichtiger Entscheidungspunkt zur Weiterführung oder zum Abbruch des Innovationsvorhabens. Sollte sich herausstellen, dass der Mehrwert zu gering, das Problem nicht gut genug gelöst oder eine bestehende Alternative zu stark ist oder dass Ihre Lösung innerhalb des Ökosystems scheitern würde – dann sehen Sie es sportlich! Frühe Entscheidungen weisen den richtigen Weg und schonen Ihre Ressourcen: »Fail early, fail cheap.« Nutzen Sie jetzt nach einer kurzen Reflexion die Möglichkeit,

- noch einmal zur Interpretation zurückzugehen und dort andere Schwerpunkte zu setzen oder
- die mutige Entscheidung zu einem frühen Projektende zu treffen und ein neues Vorhaben zu starten oder
- tatkräftig und zielsicher die zweite Hälfte des DesignAgility-Prozesses zu starten.

Die Ergebnisse der Selection sind Grundlage für die konkrete Definition und die weitere Ausarbeitung des Prototyps in den Phasen Specification und Implementation.

Ergebnisse sichern – Take-aways

- User-Journey-Storyboard – Produktvision,
- Trendszenario-Cross-Check.

Was noch? Stakeholder einbinden

Präsentieren Sie die Ergebnisse Ihren internen (oder auch externen) Stakeholdern als Mini-Pitch. Es sind die Personen, die dann mit darüber entscheiden, ob das Projekt zu stoppen ist oder fortgeführt wird.

Checkliste!

Die **Selection** ist fertig, wenn …

- ☐ … Sie die beste Idee ausgewählt haben.
- ☐ … eine erste Lösungsversion mit dem Storyboard erstellt wurde.
- ☐ … Sie die Interaktionspunkte der Innovationslösung innerhalb der Trendszenarien verifiziert haben.

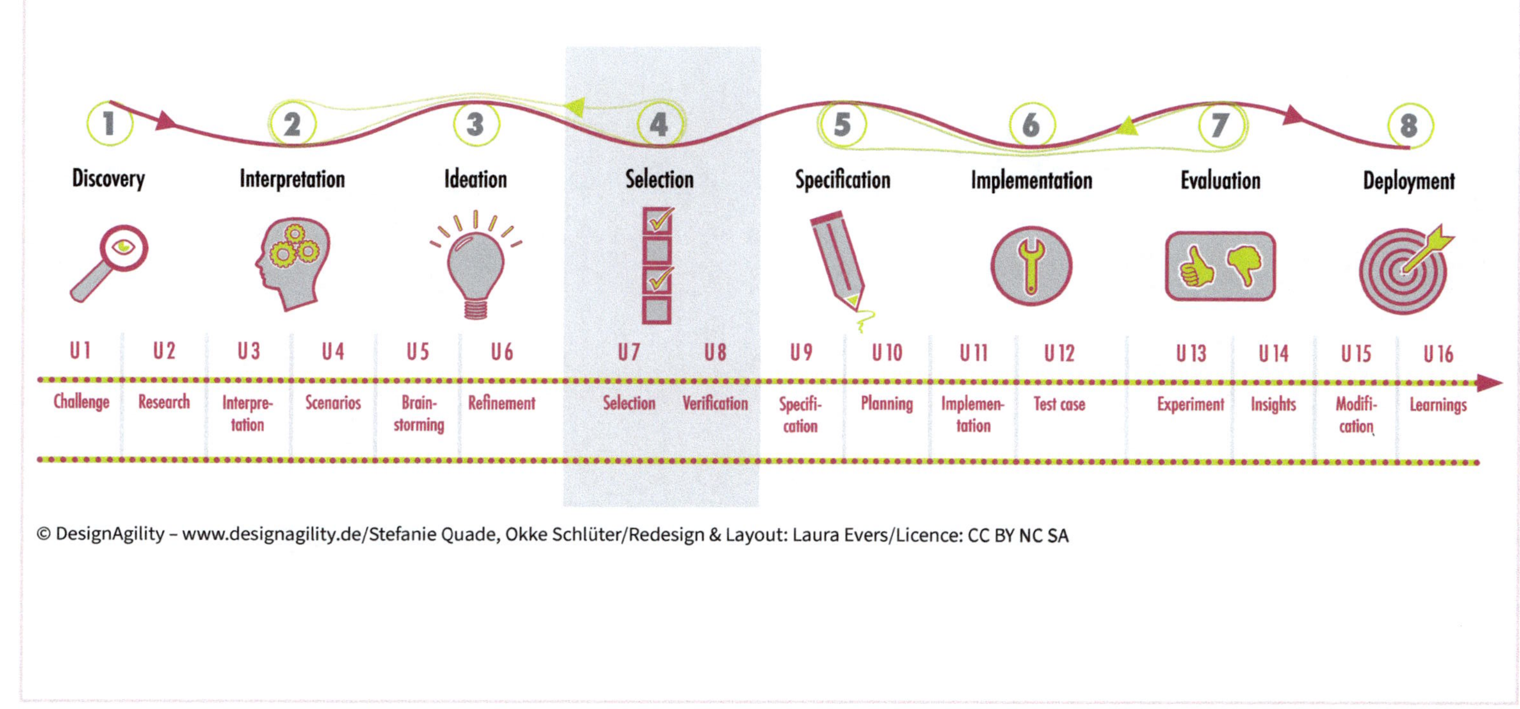

1
Discovery
2
Interpretation
3
Ideation
4
Selection
5
Specification
6
Implementation
7
Evaluation
8
Deployment
U1
Challenge
U2
Research
U3
Interpre-
tation
U4
Scenarios
U5
Brain-
storming
U6
Refinement
U7
Selection
U8
Verification
U9
Specifi-
cation
U10
Planning
U11
Implemen-
tation
U12
Test case
U13
Experiment
U14
Insights
U15
Modifi-
cation
U16
Learnings

5 Specification: Wie soll der Prototyp aussehen?

»Es ist der Beweis hoher Bildung, die größten Dinge auf einfachste Art zu sagen.«
Ralph Waldo Emerson

Specification klingt sehr technisch, setzt aber wichtige kreative Schritte voraus. Aufgabe von Specification und Implementation ist es, den Kundennutzen der in der Selection ausgewählten Ideen durch einen Prototyp erfahrbar zu machen. Erst dadurch wird das Einholen eines Kundenfeedbacks möglich, was entscheidend für die Beurteilung eines künftigen Markterfolgs ist.

Die Spezifikation im engeren Sinne setzt daher zuerst eine gedankliche Übersetzungsleistung voraus: Wie kann ich eine favorisierte Lösung oder Produktidee mit geringem Ressourceneinsatz so visualisieren oder umsetzen, dass für Angehörige der Zielgruppe die wichtigsten Nutzenmerkmale erkennbar und erfahrbar werden? Im Kern soll die Specification Empathie, Aufwand und Erkenntnis ausbalancieren. Die zentralen Fragen lauten daher:

- Welche Form bekommt der Prototyp?
- Welche Features soll er zeigen?
- Mit welcher Story soll er bei der Präsentation erzählt werden? (Storytelling)
- Welches Projektmanagement erfordert seine Erstellung?

Die Implementation setzt anschließend das Ergebnis der Specification um und erstellt dann den Prototyp.

5.1 Case-Study: Welche Darstellung eignet sich zur Umsetzung der Innovation?

Auf Luca und das Projektteam kommt jetzt eine der spannendsten und gleichzeitig erfolgskritischen Aufgaben zu: die Erstellung des Prototyps, damit die Lösungsidee validiert werden kann, bevor das Projekt dann marktreif umgesetzt wird. Luca weiß, dass die Erstellung des Prototyps immer ein Schritt ist, der dem Team Spaß macht, da hier nun alle Vorüberlegungen kreativ aufbereitet und gemeinsam in einem Lösungsszenario dargestellt werden müssen. Nun soll die Form festgelegt werden. Für die Auftraggeber ist Prototyping neu, ihnen sind unfertige Experimente als Methode fremd. Luca muss daher zunächst das Hintergrundwissen der Auftraggeber und ihre Fantasie anreichern und Ihnen die verschiedenen Vor- und Nachteile der Prototypvarianten aufzeigen.

Das Team überlegt sich zunächst einmal auf einem Storyboard, welche Elemente es zum Aufzeigen der Innovation nutzen will. Die Teammitglieder schauen zurück auf die User-Journey und überlegen, wie sie den Nutzen ihrer Lösung am besten erfahrbar machen können. Sie haben von Luca gelernt, dass es am effektivsten ist, nicht alles auf einmal zu erproben, sondern immer nur ein bis zwei Nutzenmerkmale durch den Prototyp in den Vordergrund zu stellen und das Feedback der Probanden dazu einzuholen. Daher entscheiden sie sich in der User-Journey ab dem Zeitpunkt zwischen Interesse und Kaufentscheidung anzusetzen, wo sie den größten Teil ihrer Audience verlieren. Dieser größte Drop-out-Knackpunkt ist das lösenswerteste Problem innerhalb der User-Journeys. Um das Kernproblem des Nutzers in der Situation und sein Problem zu beschreiben, bevor die Lösung in Form einer Vorschau der individuellen Solarlösung in prägnanten Visualisierungen dargestellt wird, wählen die Teammitglieder das Video-Prototyping als Testform. Eine weitere Variante wäre ein Mockup gewesen, der als eine Art Klickdummy (Prototyp-Version einer App) die Präferenzen und somit die Vorauswahl des Kunden abfragt. Sie entscheiden sich jedoch, dies ggf. zu einem späteren Zeitpunkt zu erproben.

Um die Solarlösung zu simulieren, überlegen sie, einen 3D-Technologie-Anbieter in das Video-Prototyping einzubinden und Gamification-Elemente anzubieten, die in verschiedenen Leveln mögliche Solar- und Energieversorgung aufzeigen. Das Projektteam überlegt sich, wer welche Aufgaben in der Woche organisiert, um den Prototyp zu erstellen. Es kommt der pragmatische Vorschlag auf, dass man andernfalls den Aufruf eines Videos durch eine 3D-Funktion auch dadurch simulieren kann, dass bei der Vorführung des Prototyps die betreffende Funktion manuell aufgerufen wird – entscheidend ist in dieser Phase die Wahrnehmung der Zielgruppe, nicht die technische Perfektion.

Was die beiden Zielgruppen betrifft, so wird in der Runde auch über die Unterschiede zwischen ihnen diskutiert. Alle sind der Meinung, dass sowohl die Haus- wie auch Wohnungskunden ein vergleichbares Interesse an der visuellen Vorschau haben. Die gamifizierte Präsentation der Solar-und-Energie-Möglichkeiten soll mit Screen-Mockups ergänzt werden. Ergänzende Quizfragen erhöhen das Engagement der Audience, bei denen die Nutzer Punkte erspielen können, die sie beim Kauf von Elementen beim Solaranbieter einlösen können. Zuletzt wird vereinbart, wer welche vorbereitenden Aufgaben übernimmt. Die Specification im engeren Sinne übernimmt die Agentur und bereitet die Ergebnisse aus dem Workshop entsprechend auf.

5.2 Specification – Warum diese Phase?

»Wie müssen wir unsere Idee zeigen und erzählen, um Feedback von der Zielgruppe zu ihr einholen zu können?«

Die Specification hat innerhalb der DesignAgility eine Scharnierfunktion: Nachdem in der Selection die vielversprechendsten Ideen ausgewählt wurden, leitet die Specification zur Umsetzung über. Streng genommen, greift die Specification aber noch weiter zurück – ohne die Einsichten zu Zielgruppe und Trends aus der Interpretation würde man die falschen Entscheidungen treffen. Nun stellt sich aber in der Specification die Frage: Wie kann ich zu den ausgewählten Ideen Feedback von der Zielgruppe einholen?

Auch dazu sind Kenntnisse und Empathie in Bezug auf die Zielgruppe wichtig: Wenn ich über die User-Stories hinaus die Präferenzen und Anforderungen meiner Zielgruppe kenne, hilft mir das, für den Prototyp die passende Form auszuwählen.

Die Specification ist wichtig, weil Sie hier …

- … eine Übersetzungsleistung vornehmen: Wie macht man den Kundennutzen der favorisierten Idee erfahrbar?
- … noch mal kreativ werden bei der Frage, in welcher Form ein Prototyp umgesetzt werden soll.
- … unterschiedliches Know-how kombinieren: Kundenwissen mit technischen Möglichkeiten.
- … durch gute Planung der Umsetzung dafür sorgen, dass der Prototyp zeitnah evaluiert werden kann.

Links: Projekte für DesignAgility lassen sich in dieser Phase sehr gut planen mit dem Project Canvas https://overthefence.com.de/project-canvas/ oder digitalen Tools wie Trello (www.trello.com) oder Asana (www.asana.com).

5.3 Wie? Schritte in der Specification

- Specification (U9)
- Planning (U10)

5.3.1 Specification (U9): Form des Prototyps

Vorbereitung: Rückgriff auf vorliegende Ergebnisse

- Zielgruppenwissen aus Discovery und Interpretation,
- insbesondere die Medienpräferenzen der Zielgruppe,
- Input aus der Selection.
- Worksheet U9 »Form des Prototyps« runterladen und als Strukturierungshilfe nutzen

Ablauf

Klärung der Umsetzung:

- Was (Features/Content) soll
- wie (Darstellungsform)
- womit (Hilfsmittel/Storyline/Tools) umgesetzt werden?

Dokumentation:

- Ergebnisse/Entscheidungen aus der Klärung der Umsetzung (s. o.),
- internes Testszenario vor der Erprobung.

So viel Zeit sollten Sie einplanen

Einen halben bis zu einem ganzen Tag. Durch die kreativen Abschnitte ist der Zeitbedarf hier schwerer abzuschätzen als in den anderen Phasen.

Das brauchen Sie für die Durchführung

Die Ergebnisse der vorangehenden Phasen (s. o.: »Vorbereitung«) und Wissen zu den möglichen Umsetzungsformen.

Das kann passieren, und so können Sie reagieren

- Die Umsetzungsideen zum Prototyp sind zu aufwendig: minimalistisch denken, was man der Zielgruppe zeigen muss, um die Kernidee erfahrbar zu machen.
- Keine Umsetzungsform scheint zu passen: Holen Sie externes Know-how zu weiteren möglichen Umsetzungsformen ein.
- Es fehlen die Skills zur Umsetzung: Suchen Sie externe Unterstützung.
- Außenstehende verstehen den Prototyp nicht: Storytelling verstärken, anhand einer Persona zeigen, wie anfängliche Pain Points durch die innovative Lösung ausgeräumt werden.

5.3.2 Anwendungsbeispiel: Wahl der Prototypform

Hier sind neben den Ergebnissen der vorangegangenen Projektphasen wieder die verschiedenen im Team vorhandenen Kompetenzen gefragt. Vor allem wenn technische Expertise mit Kundenwissen kombiniert wird, entstehen in der Regel Lösungen mit viel Potenzial. Folgende Schritte bzw. Fragen haben sich dabei bewährt:

- Nehmen Sie die User-Journey aus der Selection als Grundlage für die Darstellung Ihrer Ausgangssituation+Problem der Persona sowie für die Beschreibung der Innovationslösung.
- Welche Endgeräte und Medien bevorzugt die Zielgruppe? In welcher Gestalt sollte man die ausgewählten Ideen deshalb präsentieren, wenn man einen visuellen Prototyp erstellt?
- Welche Materialien, Werkzeuge oder sonstige Hilfsmittel kommen infrage? Brauchen wir eventuell externes Know-how?

- Prototyp des Prototyps: Wie soll er ungefähr aussehen? Was soll er ungefähr können?
- Verfügen wir über die benötigten Ressourcen zur Umsetzung eines solchen Prototyps?

Beim Prototyping sind der Kreativität grundsätzlich keine Grenzen gesetzt – alles, was Repräsentanten der Zielgruppe ermöglicht, den Nutzen zu erfahren, kommt für eine prototypische Umsetzung infrage. Typische Formen für *visuelle Prototypen* sind:

- Papier-Prototypen (Abb. 24; simulieren Funktionalitäten durch gezeichnete und ggf. ausgeschnittene Elemente aus Papier),
- Mockups (Abb. 25; Visualisierung durch digitale Entwürfe, z. B. mit Figma®
  Handelt es sich um eine Idee für ein physisches Produkt, bieten sich auch andere Formen an wie z. B.: Lego, Klebemais (Playmais), Styropor.
  Soll hingegen ein Service als Prototyp dargestellt werden, eignet sich
  - ein Video von der Problemstellung bis zu Lösung aus Nutzersicht,
  - ein Rollenspiel mit Protagonist (Nutzer/Persona) und Lösungsdarsteller.

Abb. 24: Papier-Prototyp

Abb. 25: Mockup, klickbarer digitaler Prototyp

5.3.3 Planning (U10): Umsetzung planen

Vorbereitung

Die Specification besteht aus einem konzeptionellen Teil, an den sich ein planerischer Teil anschließt. Bedenken sollte man in jedem Fall, dass die Umsetzung dieser Ideen einem in das DesignAgility-Projekt eingebetteten *Mikroprojekt* gleicht. Als solches sollte es geplant und gesteuert werden.

Ablauf

1. Terminziel Fertigstellung Prototyp,
2. Arbeitsteilung im Projektteam,
3. Beschaffung benötigter Hilfsmittel (Werkzeuge, Software, Werkstoffe o.Ä.),
4. Definition der Abnahmekriterien,
5. Planung der Arbeitspakete (mit Iterationen),
6. Planung von internem Test und Fehlerbehebung (Bugfixing),
7. Geeignetes Planungstool bei aufwändigeren Vorhaben (z.B. Project Canvas).

So viel Zeit sollten Sie einplanen

2–3 Stunden, je nach Projektplanungserfahrung.

Das brauchen Sie für die Durchführung

Die ausgewählten User-Stories und eine genaue Vorstellung, auf welche Weise der Prototyp umgesetzt werden soll, insbesondere welche inneren Abhängigkeiten dabei bestehen.

Das kann passieren, und so können Sie reagieren

- Es ist nicht klar, was die Umsetzung genau beinhaltet: Klären Sie, welche User-Stories einfließen sollen.
- Es besteht keine Einigkeit, wie der Prototyp genau umgesetzt werden soll: Klären Sie die Spezifikation im Team mit Ihrem Wissen über die Zielgruppe.
- Der Zeitaufwand für die Umsetzung ist wegen Unsicherheiten im Detail schwer abzuschätzen: Vereinbaren Sie noch keine Termine mit den Probanden.
- Product Owner bzw. Projektleitung kennen sich mit der Umsetzung weniger gut aus: Die Koordination von Planung und Umsetzung des Prototyps an Kolleg*innen übertragen.

5.4 Blick zurück nach vorn

Das Ergebnis der Specification ist sehr handlungsorientiert, es verweist wie jede Spezifikation direkt auf die sich anschließende Umsetzung. Für die *Dokumentation* der Specification gibt es vielfältige Möglichkeiten, etwa

- ein Textdokument,
- gezeichnete Skizzen/Scribbles,
- provisorische Videos.

Jede Dokumentationsform hat ihre Vor- und Nachteile: Text ist unmissverständlich und potenziell am präzisesten, Skizzen vermitteln dagegen schon eine beispielhafte Visualisierung und sind als solche leichter interpretierbar. Mit Video kann man Abläufe und Aktionsfolgen gut und ohne allzu viel Aufwand darstellen.

Unabhängig von der Dokumentationsform müssen folgende Aspekte obligatorisch definiert und dokumentiert werden:

1. die zu demonstrierende Funktionalität,
2. ggf. die dafür benötigten Inhalte oder Materialien,
3. die (technische) Umsetzungsform,
4. eine Begründung zu den drei zuvor genannten Entscheidungen, die explizit Bezug auf Interpretation und Trendszenarien nimmt,
5. ein Narrativ / eine Story und eine Persona, mit deren Hilfe der Prototyp erläutert wird,
6. ggf. die Werkzeuge und Hilfsmittel, mit denen die Umsetzung vorgenommen werden soll,
7. der geschätzte Zeitaufwand (möglichst aufgeschlüsselt nach Arbeitspaketen),
8. ein geplanter Fertigstellungstermin,
9. ein internes Testszenario, bevor Repräsentanten der Zielgruppe mit dem Prototyp konfrontiert werden.

Checkliste!

Die **Specification** ist fertig, wenn …

- ☐ … Sie verschiedene Umsetzungsformen für den Prototyp diskutiert und sich für eine entschieden haben.
- ☐ … Sie auf der Basis dieser Entscheidung den Prototyp detailliert spezifiziert haben.
- ☐ … Sie Ideen für das spätere Storytelling haben.
- ☐ … sichergestellt ist, dass für die Umsetzung alle notwendigen Ressourcen (Hilfsmittel und Arbeitszeit) zur Verfügung stehen.
- ☐ … Sie die Umsetzung (nicht in jedem Detail, aber methodisch professionell) geplant haben.

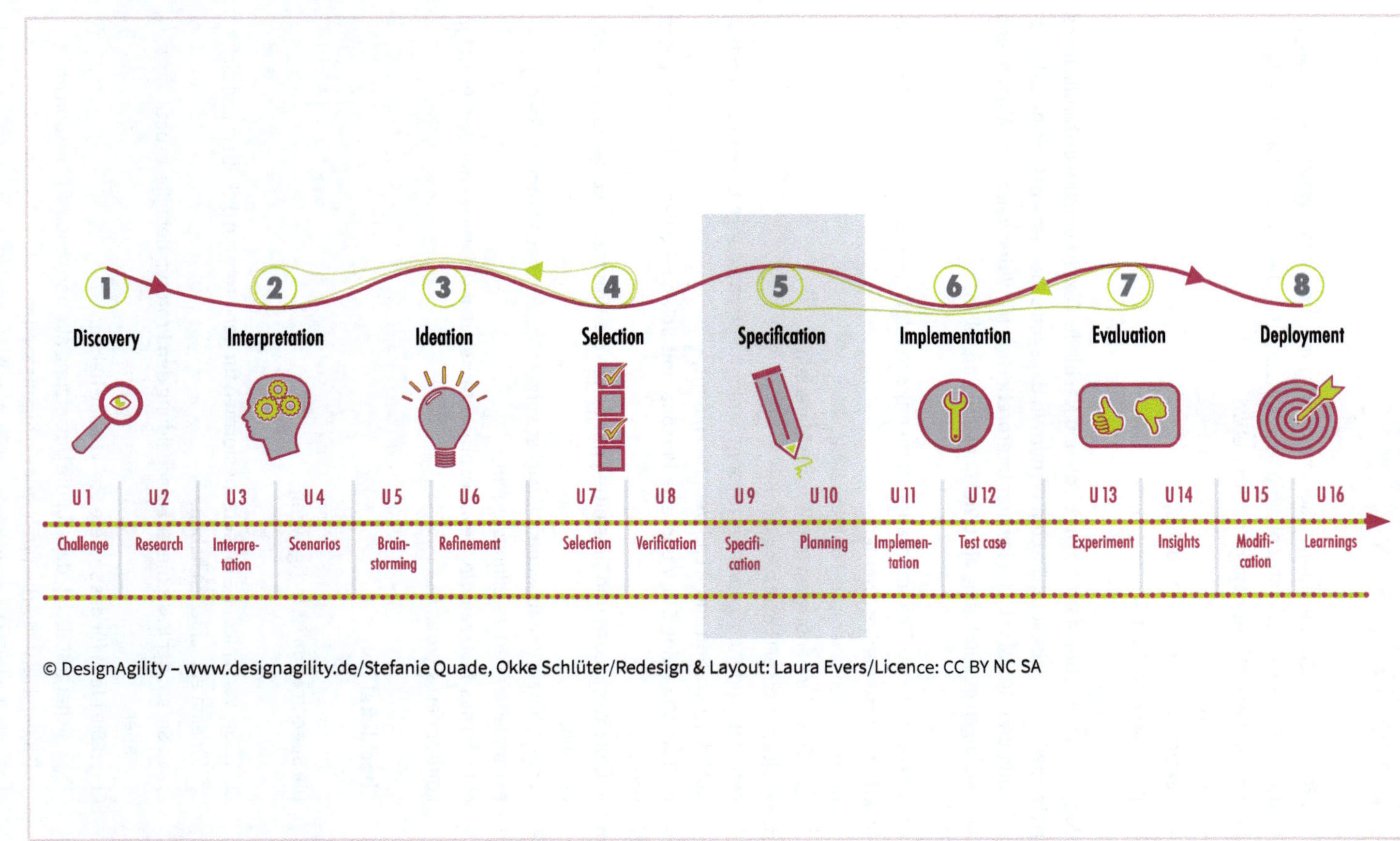
1
Discovery
2
Interpretation
3
Ideation
4
Selection
5
Specification
6
Implementation
7
Evaluation
8
Deployment
U 1
Challenge
U 2
Research
U 3
Interpre-
tation
U 4
Scenarios
U 5
Brain-
storming
U 6
Refinement
U 7
Selection
U 8
Verification
U 9
Specifi-
cation
U 10
Planning
U 11
Implemen-
tation
U 12
Test case
U 13
Experiment
U 14
Insights
U 15
Modifi-
cation
U 16
Learnings

6 Implementation: Prototypen und Test vorbereiten

»Prototyping at work is giving form to an idea, allowing us to learn from it, evaluate it against others, and improve upon it.«
Tim Brown (Change by Design)

Bei der Implementation wird umgesetzt, was in der Specification entschieden und beschrieben wurde. Zudem wird ein Testszenario für die Evaluierung aufgestellt. Ob Prototyping aus Papier, Legosteine, Videoprototyping, digitale Mockups oder Rollenspiel und Prozessmodellierungen: Das Prototyping bringt Ihre erste Produkt- oder Servicevision auf eine erste »erfahrbare« Ebene. Für den Test-Case in dieser Phase wird diejenige Form des Prototyping umgesetzt, die auf der Grundlage der Specification zur Darstellung des Kundennutzens passt.

Die Fragen zur Implementation stellen sich im Hinblick auf die Testbarkeit aus Nutzersicht:

- Wie setzen wir den Prototypen um?
- Welche Schritte gehen wir, um den Prototypen zu erstellen?
- Wie testen wir den Prototypen: Wo, mit wem und wie?

Das Prototyping ist ein Kernstück in der DesignAgility. Durch die Umsetzung wird die Innovation aus Nutzersicht veranschaulicht. Es wird gebaut, bis der fertige Prototyp die Lösung ausreichend verständlich darstellt. Aus der Implementation erhalten wir den testbaren Prototypen und einen vorbereiteten Testablauf für die Evaluierung.

6.1 Case-Study: Wie kann ich schnell und zielgenau im Markt testen?

Luca hat das Team für einen kompletten Tag zusammengerufen. Während sie organisatorische Dinge und einfache Entscheidungen gern in virtuellen Meetings treffen, hat das Team die kreative Arbeit im physischen Raum zu schätzen gelernt. Der Raum ist vorbereitet, die Personas hängen wieder an den Wänden, daneben jeweils die User-Journey-Maps, die Trendszenarios und Storyboards. Der Workshop mit allen Teilergebnissen aus den vorherigen Schritten ist vorbereitet.

Luca hat vor, mit dem Team in der ersten Tageshälfte einen Video-Prototypen zu erstellen. Die zweite Tageshälfte widmen sie der Vorbereitung der Evaluierung. Der Prototyp und die Testszenarien für die Evaluation hängen eng zusammen und werden deshalb in der DesignAgility bewusst in *einer* Phase durchgeführt. Luca hat dies bereits in anderen

Innovationsprojekten erprobt und weiß, wie wichtig es ist, den Prototypen erlebbar zu machen und den Test für die Endnutzer vorzubereiten. Im Team sind alle auf ihren Positionen – jeder weiß dank des Projektmanagements und der genauen Spezifizierung des Prototyps, wer was bis wann vorzubereiten hat. Die ersten Mockups wurden erarbeitet, der Spielablauf für die Gamifizierung wurde geplant und alles, was sie für den Test verwenden wollen, ausgewählt. Luca erläutert kurz die einfache Erstellung des Video-Prototypen.

Für den Test-Case haben sie sich Folgendes überlegt: Mit Stift und Papier werden einfache Figuren erstellt, die Mockups werden ausgedruckt. Mit der Kamera des Smartphones wird in einer vorgegebenen Sequenz die Produktlösung vorgestellt. Sie möchten in der Evaluierung zwei bestimmte Merkmale abfragen und ein dazu passendes Testszenario entwickeln. Ziel ist es, dieses Video vier bis sechs Personen aus der Gruppe der Hauseigentümer und Wohnungsbesitzer zu zeigen und dann offene Fragen zu stellen. Eine weitere Person wird die Probanden beobachten. Den Fragebogen testen sie vorab mit Kollegen außerhalb des Projektes. Am Ende des Tages sind sie perfekt vorbereitet: Der Prototyp steht, und alle Vorbereitungen für die Evaluierung sind getätigt.

6.2 Implementation – Warum diese Phase?

»Keep it simple but valuable – Den Prototyp nur genau so aufwendig gestalten, wie es der Testzweck erfordert.«

Die Implementation vereint die Umsetzung des Prototyps mit den Vorbereitungen zur Evaluation. Der Prototyp wird in kurzer Zeit umgesetzt und beinhaltet nicht mehr als eine mit einfachen Mitteln produzierte Darstellungsform der Produkt- oder Servicevision bzw. ihrer wichtigsten Merkmale. Es wird gestaltet, umgesetzt und getestet – ein erster Prototyp wird implementiert. Dies kann z. B. mit Papier und Stiften oder mit digitalen Mockup-Tools erfolgen. Ein Video-Prototyping erklärt die Story zum Prototyp und bindet Produkt oder Service somit in einen ersten Kontext ein.

Da DesignAgility dem Grundsatz des Human-centered Design folgt, muss die Sicht der Zielgruppe einfließen: Wie können wir die Meinung der Zielgruppe einholen? Testfragen werden vorbereitet, und die Durchführung der Evaluierung wird geplant. Wer wird befragt? Wie können wir die Zielpersonen erreichen? Was benötigen wir für die Durchführung? Wer kann unsere Fragen vorab testen? Funktioniert die für die Vorführung benötigte Technik?

Die Implementation ist wichtig, weil …

- … Sie hier eine der vielen Prototyping-Umsetzungsmethoden anwenden.
- … Sie den in der Specification definierten Prototypen umsetzen (»putting into action«).

- … Sie die Hauptmerkmale des Prototyps und den darauffolgenden User-Test direkt aufeinander abstimmen.
- … das Testformat und die Durchführung der Evaluation vorbereitet werden.

6.3 Wie? Schritte in der Implementation

- Umsetzung (U11)
- Test-Case (U12)

6.3.1 Prototyp umsetzen (U11)

Vorbereitung

- Spezifikation des Prototyps,
- Hilfsmittel und Prototyp-Projektplan.

Ablauf

1. Diskutieren Sie im Team, welche Nutzenmerkmale Ihrer Lösung Sie im Prototyp für das Testszenario umsetzen wollen.
   Tipp: Schauen Sie erneut auf Ihre User-Journey und überlegen, wie sich diese Story greifbar gestalten lässt.
2. Nutzen Sie das geeignete Gestaltungselemente des Prototyps – Visualisierung mit einfachen Papier-Prototypen, digitalen Mockups (z. B. Figma), Video-Prototyping etc.
3. Erstellen Sie den Prototyp: Reduzieren Sie die Gestaltung auf den Kernnutzen.
   Tipp: Achtung! Hier kommt man manchmal vom Hölzchen aufs Stöckchen. Nicht »alles« reinpacken, was geht und gerade an Designelementen angesagt ist, sondern nur das umsetzen, was der Proband später wirklich braucht, um unsere Nutzenmerkmale zu bestätigen oder zu verwerfen.
4. Je nach Testszenario bereiten Sie die Geschichte aus Nutzerperspektive vor oder überlegen bei reiner Beobachtung, wie der Nutzer den Prototyp wahrnehmen und bedienen wird.

So viel Zeit sollten Sie einplanen

Circa 3–4 Stunden.

Das brauchen Sie für die Durchführung

- Nutzen Sie optional unsere Work Sheets:
  Checkliste Implementierung des Prototyps (U11) & Interviewleitfaden für die Erprobung (U12) (www.designagility.de),
- Baumaterial oder digitale Tools für die Erstellung des Prototyps,
- Möglichkeit zur Dokumentation (Aufnahmen) oder Transport zur Bereitstellung des Prototyps.

Das kann passieren, und so können Sie reagieren

Die Gestaltung des Prototyps ufert aus. Es werden Dinge umgesetzt, die nicht den Hauptmerkmalen, die im Testszenario untersucht werden sollen, entsprechen: Diskutieren Sie, warum dies geschieht. Lässt sich der Prototyp nicht wie gewünscht umsetzen, oder wurde bei der Gestaltung festgestellt, dass andere Dinge sinnvoller sind? Es ist sehr wertvoll, dass während dieses kreativen Umsetzungsprozesses neue Ideen entstehen. Gleichzeitig ist die Reduktion auf das Wesentliche die hohe Kunst! Das Prototyping dient dem »Erfahrbarmachen« des Kundennutzens. Überarbeiten Sie, und gestalten Sie neu, bis der Prototyp »gut genug« ist, um in den ersten Test zu gehen! Hier ist nicht Perfektion das Ziel: Haben Sie den Mut, mit einer 80-Prozent-Lösung in die Evaluierung zu gehen!

6.3.2 Anwendungsbeispiel: Video-Prototyping

Der Video-Prototyp dient der Visualisierung der Nutzenmerkmale aus der Specification. Wenn Sie – wie in unserem Fallbeispiel – digitale Mockups erstellt haben, die zeigen, wie der Kunde das Produkt oder den Service erleben wird, dann binden Sie diese in Ihren Video-Prototyp ein. Versetzen Sie sich wieder in die Lage eines Nutzers – wann wird er wo und wie mit Ihrem Produkt/Service in Berührung kommen? Starten Sie mit der Ausgangssituation, dem Bedürfnis des Nutzers und der Lösung, die Sie präsentieren. Legen Sie den Fokus auf maximal ein bis zwei detaillierte Merkmale, die Sie im Test-Case untersuchen möchten. Nach zwei bis drei Durchläufen erhalten Sie einen anschaulichen »Film«, den Sie vorführen und zu dem Sie Feedback einholen können.

Abb. 26: Video-Prototyp mit einfachen Zeichnungen als Visualisierung – eine virtuelle Alternative kann ein Screencast sein

1. *Analog:* Nehmen Sie Schere, Stift und Papier und erstellen Figuren und Symbole für Ihre Storyline.
   Digital: Alternativ zeichnen Sie digital einen Screencast (Bildschirmaufnahme) Ihres digitalen Mockups auf.
2. Erzählen Sie entlang der User-Journey-Map mit dem Fokus auf die Testmerkmale eine Geschichte.
3. Erzählen Sie, was Ihr Nutzer wo in Ihrer Produkt- oder Servicelösung findet.
4. Nehmen Sie ein Video mit Ihrem Smartphone auf.
5. Laden Sie das Video z. B. als *Private Link* auf YouTube hoch. (Es ist dann nicht öffentlich gelistet, nur Personen mit dem Link können das Video einsehen.)

6.3.3 Test-Case und Evaluierung vorbereiten (U12)

Vorbereitung

- Präferenzen der Probanden einplanen,
- Kundennutzen des Prototyps festlegen.

Ablauf

1. Der Prototyp ist Ihre Ausgangsbasis mit dem Fokus auf die besonderen ein bis zwei Merkmale, die Sie im Test evaluieren möchten.
2. Legen Sie fest, welche Art der Untersuchung Sie vornehmen möchten: Interviewfragen, Beobachtung, Usability-Test etc.
3. Überlegen Sie, wie Sie drei bis fünf Personen Ihrer identifizierten Teilzielgruppen erreichen können.
4. Bereiten Sie den Interviewleitfaden vor.
5. Legen Sie das Testszenario mit dem Prototyp fest.
6. Laden Sie die Probanden ein.
7. Kapazitätsplanung: Planen Sie Personen für die Durchführung und Auswertung der Ergebnisse ein.

So viel Zeit sollten Sie einplanen

Circa 2–3 Stunden.

Das brauchen Sie für die Durchführung

- Laptop(s), teilen Sie die Aufgaben im Team auf,
- optional: Literaturrecherche für die Wahl der Untersuchung/Interviewleitfaden (z. B. für qualitative Interviews),
- Testszenario, Einladung, Durchführung und Auswertung.

Das kann passieren, und so können Sie reagieren

- Ein Mix aus Nutzertest und Usability sorgt für Verwirrung und macht die Ergebnisse nutzlos, weil es wenig aussagekräftig ist: Schaffen Sie eine klare Trennung, und entscheiden Sie, welchen Fokus Sie auf den Test legen möchten. Was ist das Ziel? Was zeige ich in welchem Setting? Wie müssen wir uns organisieren?
- Das Testszenario passt nicht zum Prototyp: Machen Sie immer einen Probedurchlauf, checken Sie die Technik vorab.

6.3.4 Anwendungsbeispiel: Interviewleitfaden

Wenn Sie beispielsweise Probanden den Video-Prototyp vorführen, planen Sie dafür zwei Personen ein – eine Person, die den Probanden während der kompletten Zeit beobachtet, und eine zweite, die den Prototyp vorführt und das Interview mit dem zuvor erstellten Leitfaden durchführt.

1. **Einleitung:**
   Vorstellung und Zweck des Interviews (ohne bereits eine Antwortrichtung zu suggerieren)
2. **Hauptteil:**
   Offene Fragen stellen, die nicht mit ja oder nein beantwortet werden können, z. B.: »An was haben Sie als Erstes gedacht, als Sie das Video gesehen haben?«, »Was hat Sie direkt angesprochen?«, »Was haben Sie nicht verstanden, wo haben Sie gezögert?«
3. **Schluss:**
   Dank, Abschied und weiterer Verlauf

Überprüfen Sie positives Feedback durch Nachfragen, z. B.: »Wem würden Sie die Lösung dann empfehlen?«, um sicher zu sein, dass es sich nicht bloß um höfliche Zustimmung handelt. Nicht ernst gemeinte Zustimmung kann letztlich teuer werden, weil sie Unzulänglichkeiten verschleiert.

Tipp

Wenn Sie das Interview online durchführen, können Sie den Prototyp (z. B. Video oder Mockup) auch als Screenshare teilen.

Bewährt hat sich in der Praxis, die Notizen zum Interview ebenfalls direkt in einem kollaborativen System (z. B. Miro Board, Google Drive, Sharepoint) zu notieren und ggf. die Aufzeichnung digital mit abzulegen.

Interviewleitfaden für die Erprobung (U12)

Prototyp Präsentation

Präsentation: .... (Name)

Storytelling: .... (Name)

Dokumentation: .... (Name)

In folgenden Schritten:

1. ____________________
2. ____________________
3. ____________________
4. ____________________
5. ____________________
6. ____________________
7. ____________________
8. ____________________

Interview

Begrüßung

1
Allgemeine Wirkung des Prototypen

2
Was fällt Ihnen auf? Was denken Sie ist das Besondere an der Lösung?

3
Was würden Sie anders erwarten? Was fehlt?

4
Zusammenfassung, Zahlungsbereitschaft abfragen

Danke und Abschied

Abb. 27: Interviewleitfaden

6.4 Blick zurück nach vorn

Sie haben in der Implementation den Prototyp erstellt und die Vorbereitungen für die Evaluation getroffen, ein weiterer Meilenstein im DesignAgility-Prozess. Jetzt haben Sie Ihre Innovation vorzeigbar und greifbar gemacht, sodass Ihre erste Produkt- oder Servicevision für Probanden aus Nutzersicht schnell erfahrbar wird. Der Prototyp stellt keine perfekte Entwicklung dar, das soll er auch gar nicht. Es geht beim Prototyping um die Darstellung eines exemplarischen Nutzens, und zwar so anschaulich, dass Außenstehende erfassen können, was Sie vorhaben. Nicht mehr und nicht weniger. Nutzen Sie diese Möglichkeit, Innovationslösungen schnell und kostengünstig zu testen und ggf. nachzujustieren, bevor Sie viel Zeit und Geld in ein Projekt stecken, das sich nach dem Markteintritt als Flop herausstellen könnte.

Ergebnisse sichern – Take-aways

- Prototyp,
- Interviewleitfaden,
- Ablaufplan für die Evaluierung.

Was noch? Pre-Test!

Präsentieren Sie den Prototyp, und testen Sie den Fragebogen vorab mit einer der Zielgruppe nahestehenden Person. Prüfen Sie technische Einstellungen ausgiebig vor dem Test mit Probanden!

Checkliste!

Die **Implementation** ist fertig, wenn …

- ☐ … der Prototyp erstellt ist.
- ☐ … das Testszenario aufgebaut ist.
- ☐ … Sie die Dokumente zur Evaluierung vorbereitet haben.
- ☐ … Sie die Teilnehmer für die Evaluierung eingeladen haben.

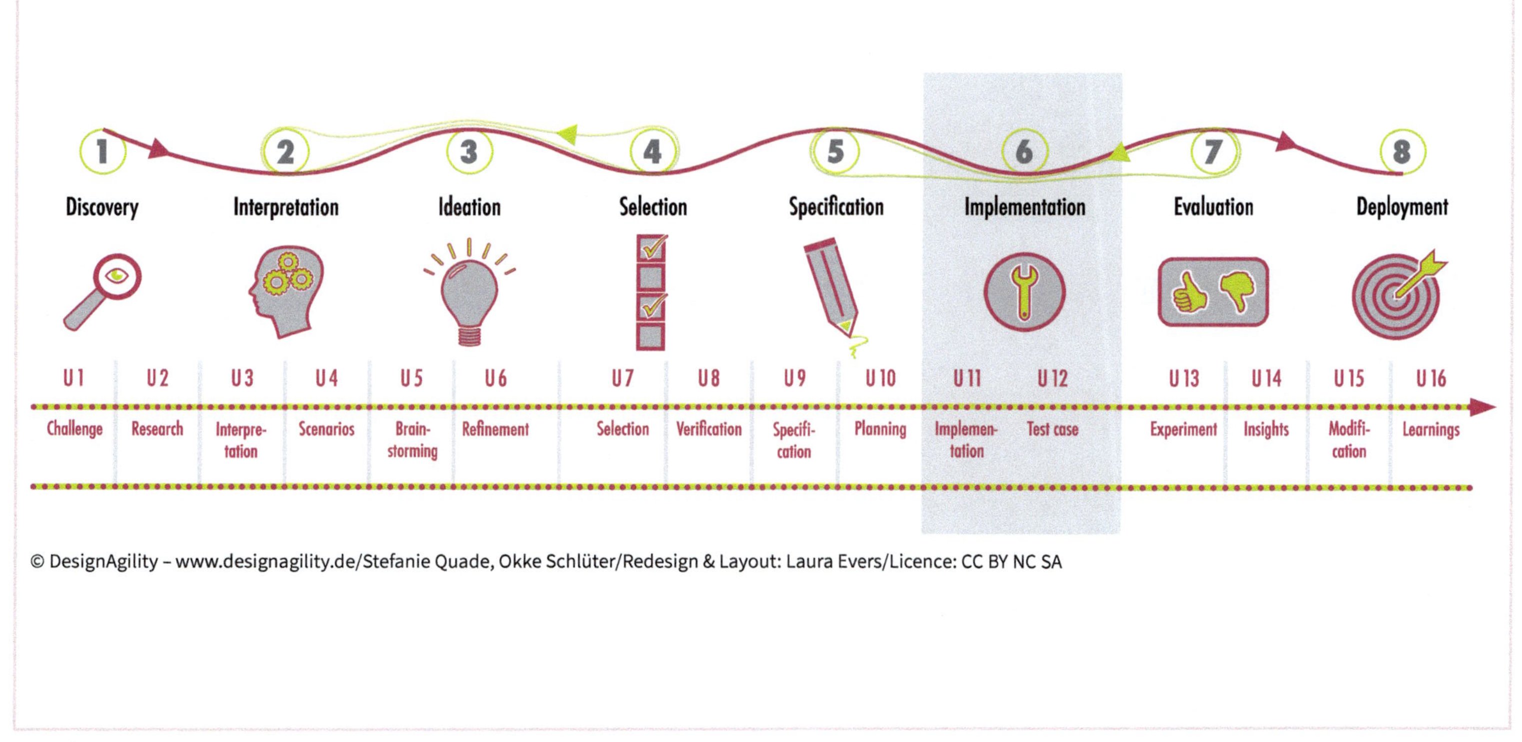
1 Discovery
2 Interpretation
3 Ideation
4 Selection
5 Specification
6 Implementation
7 Evaluation
8 Deployment
U1 Challenge
U2 Research
U3 Interpre-tation
U4 Scenarios
U5 Brain-storming
U6 Refinement
U7 Selection
U8 Verification
U9 Specifi-cation
U10 Planning
U11 Implemen-tation
U12 Test case
U13 Experiment
U14 Insights
U15 Modifi-cation
U16 Learnings

7 Evaluation: Werte schaffen durch Kunden-feedback

»Das Feedback der Kunden ist manchmal schmerzhaft, aber immer gut.«
Rolf Hansen (Gründer und CEO von simyo)

Evaluation ist gewissermaßen der Fluchtpunkt des Design Thinking und auch der DesignAgility. In der Evaluation werden die Einbindung der Zielgruppe und das Streben nach Feedback umgesetzt. Schon der Begriff Evaluation weist darauf hin, dass auch diese Phase »Value« kreiert, also Wert schöpft. Neben positivem Feedback ist dabei ebenso ernst zu nehmende Kritik möglich, die eine Revision der *Specification* notwendig machen kann. In jedem Fall bietet die Evaluation eine wichtige Überprüfung der Idee und damit auch eine Absicherung ihres möglichen Markteintritts. Sie trägt damit – neben den pragmatischen Umsetzungsformen für den Prototyp – wesentlich zum ressourcenschonenden Charakter der DesignAgility bei.

Die Leitfragen der Evaluation sind:

- Welche Probanden werden eingeladen?
- In welchem Rahmen findet die Vorführung statt?
- Wie und von wem wird der Prototyp präsentiert?
- Wie werden die Rückmeldungen dokumentiert?
- Welche Mehrwerte werden für die Probanden geschaffen?

Die Ergebnisse der Evaluation werden in der anschließenden Phase des Deployment auf den Prototyp angewendet, und dieser wird ggf. modifiziert.

7.1 Case-Study: Wie analysiere ich meine Pre-Tests?

Die Evaluation des Prototyps fordert von Luca und den Teammitgliedern höchsten Einsatz. Die Marketingleiterin des Auftraggebers ist wegen der Erprobung mit realen Kunden leicht nervös. Sie hat persönlich drei wichtige Kunden aus dem Hauseigentümersegment ausgewählt, von denen sie weiß, dass sie zwar offen für Neues, aber gleichzeitig besonders kritisch sind. Gleiches gilt für die drei Wohnungsbesitzer, von denen einer in einem speziellen Zukunftsenergiekreis gut vernetzt ist – das steigert die Bedeutung des Feedbacks, erhöht aber auch den Erfolgsdruck.

Luca beruhigt die Marketingleiterin durch die Tatsache, dass die Probanden bei der Vorführung uneingeschränkt wertgeschätzt werden. Niemand wird sie belehren oder ihre Rückmeldungen infrage stellen. Außerdem hat Luca nach den guten Erfahrungen beim Ideation-Workshop wieder einen angenehmen Raum und ein kleines Catering gebucht.

Ein Termin am späten Donnerstagnachmittag rief bei den Probanden positive Resonanz hervor, auf den sich deshalb auch das Projektteam eingestellt hat. Zwei der sechs Probanden konnten an diesem Tag nicht in Präsenz teilnehmen, die Evaluation findet in einem Videocall statt, in dem sie den Video-Prototyp live zeigen und anschließend ihre Fragen stellen. Wichtig ist hierbei, die Reaktion des Probanden online auch während des Abspielens des kurzen Videos genau zu beobachten und Notizen zu machen.

Eine gewisse Aufregung ist bei der Vorbereitung spürbar, aber Luca schätzt das Engagement der Beteiligten. Zu perfektionistische Vorschläge relativiert Luca als »nice to have«, was von den zeitlich strapazierten Teammitgliedern dankbar angenommen wird.

Für die Begutachtung des Video-Prototyps wird eine genaue Dramaturgie erstellt. Alles wurde schon vorab intern mit Unbeteiligten getestet und läuft zuverlässig. Die Probanden bekommen fiktive Daten im Video-Prototyp als Beispiel angezeigt und erhalten dann die Möglichkeit, drei Solarszenarien auszuwählen. Bei den Gamification-Elementen wird eine Punkterangliste angezeigt, die Punkte können anschließend beim Login und Kauf direkt eingelöst werden.

Der Stolz im Team nach der Befragung ist deutlich zu spüren. Dass in so kurzer Zeit eine neue Idee durch den DesignAgility-Prozess greifbar gemacht werden konnte und der Prototyp zur Klärung und besseren Entscheidungsgrundlage bestätigt wurde, lässt alle erleichtert aufatmen. Noch viel wichtiger sind jedoch die kritischen Kommentare der Probanden zur Verbesserung und die zusätzlichen Ideen, die im Gespräch entstanden sind.

7.2 Evaluation – Warum diese Phase?

Im Kern ist die Evaluation, wie schon die Zielgruppeninterviews in der Discovery, eine empirische Erhebung und bedient sich daher grundsätzlich der Methoden der empirischen Sozialwissenschaften: vor allem der Befragung, des Experiments und der Beobachtung.

»Eine Erprobung mit der Zielgruppe ist für Prototyp und Marke wertvoll«

Nachdem das Evaluationsszenario bereits in der vorangegangenen Implementation definiert wurde, geht es in der Evaluation um die Durchführung dieses Szenarios. Es handelt sich dabei in der Regel um eine einmalige oder seltene Gelegenheit, daher sind eine gute Vorbereitung und professionelle Durchführung essenziell. Letzteres empfiehlt sich auch allein deshalb, weil eine solche Begegnung mit der Zielgruppe immer die Markenwahrnehmung mit beeinflusst.

Entscheidend für eine aussagekräftige Evaluierung des Prototyps ist die Gewinnung repräsentativer Probanden. Hierfür greift man auf die Personas zurück, die in der Interpretation entwickelt wurden. Da die Personas zusammen genommen die Zielgruppe der Innovation repräsentieren, ist es nur logisch, sie auch für die Evaluierung einzubinden – es können, müssen aber nicht die gleichen Personen sein, die zuvor in der Discovery befragt wurden. Der Nutzen des Prototyps muss sie als spätere Kunden überzeugen. Andernfalls muss der Prototyp verändert oder neu konzipiert werden. Insofern hat die Evaluation etwas Schicksalhaftes – es handelt sich aber lediglich um eine Antizipation der Kundenakzeptanz beim Markteintritt, und im ungünstigen Fall ist es besser, das früh zu wissen.

Wichtig ist eine explorative Einstellung der Interviewer, also das Bestreben, die Äußerungen der Probanden zu verstehen und nachvollziehen zu können. Sie dürfen durchaus auf Konsistenz und Stimmigkeit hin geprüft werden, aber eventueller Kritik sollte nicht mit Belehrungen begegnet werden! Die Probanden haben zunächst einmal recht, andernfalls wäre die Investition der Erprobung auch ohne Aussicht auf Rendite. Die Evaluation bietet großartige Chancen, die man nutzen sollte, vor allem die Begegnung mit der Zielgruppe. Diese Situation birgt viele Chancen, steht dadurch umgekehrt aber unter hohem Ergebnisdruck. Eine gute Vorbereitung hilft, diese Potenziale zu heben.

»Anbieter und Kunden entwickeln als Community of Practice (CoP) gemeinsam neuartige Lösungen«

Die Probanden kommen – je nach Persönlichkeitsstruktur – mit anfänglicher Unsicherheit oder hohem Mitteilungsbedürfnis, in jedem Fall aber mit Neugier. Da Kundenbefragungen zu Prototypen für viele noch relativ neu sind, ist es für die meisten Probanden die erste Erfahrung in diesem Bereich. In jedem Fall ist neben einer ansprechenden Kommunikation auch ein angenehmes Verhalten durch die Betreuungspersonen wichtig. Es sollte daher eine einladende Atmosphäre erzeugt werden, in der die Probanden gerne umfangreich und detailliert Rückmeldung zum Prototyp geben. Qualifiziertes Feedback ist ein kostbares Geschenk, für das man angenehme und motivierende Rahmenbedingungen schaffen muss.

Aufseiten der Probanden kann die Teilnahme an einer solchen Erprobung eine sehr positive und bleibende Erfahrung sein. Sie kann ihre Markentreue und Identifikation stärken und sie zu Markenbotschaftern machen – denn Teil einer Innovation zu sein, wird als Wertschätzung wahrgenommen.

Die Evaluation ist wichtig, weil Sie hier …

- … die Zielgruppe Ihre Innovationsidee bewerten lassen und damit den möglichen Markterfolg abklären;
- … neben dem Prototyp implizit auch Ihre Annahmen zur Zielgruppe und deren Bedarf evaluieren und damit Ihr Zielgruppenwissen steigern oder aktualisieren;

- … mit der Zielgruppe in Kontakt kommen und dadurch die Chance haben, für ein positives Markenerlebnis zu sorgen;
- … über die Evaluation des Prototyps hinaus von der Zielgruppe auch weitere Anregungen für künftige Marktangebote erhalten können.

7.3 Wie? Schritte in der Evaluation

- Evaluation (U13)
- Insights (U14)

7.3.1 Evaluation (U13): Erprobung mit Kunden

Die Wahl der Methode und das konkrete Setting hängen wie immer von den Zielen ab, die man erreichen möchte:

- Zum Konzept eines Prototyps erhält man besser Feedback durch eine *Befragung.*
- Zur Usability erfährt man mehr bei einem unkommentierten *Experiment.*
- Da die meisten Prototypen die wesentlichen Produktmerkmale eher imitieren, eignen sie sich noch nicht für Usability-Tests; deswegen sind Vorführungen von Prototypen und Befragungen deutlich häufiger.

Aus diesem Grund sind geeignete Räumlichkeiten wichtig, die neben einer zur Produktmarke passenden Atmosphäre ablenkungsfrei sein sollten.

- Angenehme persönliche Betreuung,
- erfrischende Getränke o.Ä.,
- entspannte Atmosphäre,
- angemessener Zeitrahmen,
- Anerkennung des Aufwands vonseiten der Probanden (kleines Geschenk?)

führen zu guten Ergebnissen und einer positiven Customer Experience. Allerdings können luxuriöse Rahmenbedingungen das Feedback zur Produktidee auch verfälschen.

So viel Zeit sollten Sie einplanen

Je nach Betreuungsschlüssel eine bis mehrere Stunden. Kommen alle Probanden parallel zum Einsatz, ist die Erprobung meist nach 30–45 Minuten abgeschlossen. Finden Sessions nacheinander statt, dauert es entsprechend mehrmals so lang.

Das brauchen Sie für die Durchführung

Prototyp, Raum, Betreuungspersonal, kleines Catering, Materialien zur Erfassung der Rückmeldungen, eventuell kleine Geschenke.

Entsprechend für eine online Durchführung den virtuellen Raum und das kollaborative Set-Up für die Interviewnotizen (z. B. Miro, Sharepoint, etc.)

Das kann passieren, und so können Sie reagieren

- Probanden sind enttäuscht oder unzufrieden: Klären Sie, worin genau die Ursache dafür liegt (Funktionalitäten, Inhalte, Usability, Kommunikation/Umgang, schlechte Laune o. Ä.).
- Probanden beschweren sich: sachlich reagieren, nicht rechtfertigen, gutes Beschwerdemanagement, verwertbare Hinweise herausfiltern.
- Probanden spezifizieren einen weiteren Prototyp, statt den vorliegenden zu kommentieren: alles erfassen, später überlegen, ob verwertbar.

Vorbereitung des Kunden-Tests (U13)

Checkliste vor dem Termin:
- ☐ Sind die Einladungen verschickt und bestätigt?
- ☐ Ist das Zeitfenster klar?
- ☐ Sind Prototyp und Storyline fertig?
- ☐ Ist der (virtuelle) Raum vorbereitet?
- ☐ Wo und wie dokumentieren wir das Feedback?
- ☐ Verpflegung (optional)
- ☐ Geschenke (optional)

Checkliste am Tag des Termins:
- ☐ Sind die (technischen) Vorbereitungen getroffen?
- ☐ Sind die Rollen und Verantwortlichkeiten klar?
- ☐ Passt die Atmosphäre zum Ziel des Tests?

Notizen:

Abb. 28: Startklar für die Interviews? Checkliste vor der Kundenbefragung

7.3.2 Anwendungsbeispiel: Befragung

- Passende Rahmenbedingungen:
  - rechtzeitige Einladung der Probanden
  - Nachrückerliste im Falle von Absagen
  - Raum, Zeitpunkt, Betreuung, Catering
- notwendiges Briefing der Probanden:
  - Einweisung, ggf. Erläuterungen vorab
  - Zustimmung zur Dokumentation des Feedbacks
- nutzerorientierte Durchführung:
  - Probanden bestimmen das Tempo
  - alle Äußerungen akzeptieren, ggf. nachfragen und präzisieren lassen
- präzise Dokumentation:
  - Audio, Video, Notizen?
  - Lässt sich das Feedback zu einzelnen Features, Screens o. Ä. zuordnen?

- Metafeedback der Probanden zur Evaluation:
  - Wie haben sie die Evaluation erlebt?
  - Besteht die Bereitschaft, eine weitere Iteration des Prototyps zu testen?

Feedback sammeln (U14-a)

Name Proband:in: ____________________ **Ähnlichkeiten mit Persona(s):**

Name Interviewer:in: ____________________ ____________________

Frage	Antwort	Fazit

Abb. 29: Notieren Sie die Antworten zu den Fragen – was ist das für uns relevante Fazit?

7.3.3 Insights (U14): Rückmeldungen auswerten

Das zentrale Ergebnis der Evaluation sind die aus den Rückmeldungen gewonnenen Einsichten, die aufgrund ihres hohen Wertes für das Projekt mit größter Sorgfalt behandelt werden sollten.

Voraussetzung bzw. Vorbereitung

Selbsterklärendes (ggf. kommentiertes) Feedback, das keinen Interpretationsspielraum lässt.

Ablauf

- Übersetzung in konstruktive Maßnahmen, die den Kundennutzen steigern und das Projekt voranbringen (eine Art optimierte *Specification*).
- Hypothesenprüfung: Bestätigt das Feedback die Annahmen zu den Personas und zum Bedarf der Zielgruppe?
- Entscheidung, ob eine weitere Erprobung notwendig ist.

So viel Zeit sollten Sie einplanen

2–3 Stunden; je klarer und ggf. konstruktiver die Rückmeldungen sind, desto schneller kann man Maßnahmen ableiten.

Das brauchen Sie für die Durchführung

Gut dokumentierte Ergebnisse der Erprobung des Prototyps.

Das kann passieren, und so können Sie reagieren

- Kritik stellt die Innovationsidee grundsätzlich infrage: prüfen, ob die Situation ungünstigen Einfluss gehabt haben kann und wie oft diese Kritik kam; ggf. neue Spezifikation für einen weiteren Prototyp (zurück zu U9);
- Zustimmung zu den Ideen, aber Kritik am Prototyp: eventuell neuen Prototyp erstellen oder optimieren (zurück zu U10/U11);
- wenig aussagekräftige, neutrale Rückmeldungen: weitere Erprobung organisieren (zurück zu U12);
- begeisterte Rückmeldungen: ausschließen, dass äußere Umstände positive Verzerrung bewirkt haben;
- gutes Feedback, aber keine Zahlungsbereitschaft: Idee auf Wirtschaftlichkeit überprüfen, eventuell Kundennutzen erhöhen.
- bei internem Projekt: zu geringe Akzeptanz spürbar – nachfragen, ob die Ursache dem Prototyp zuzuschreiben ist oder es auf eine Unzufriedenheit zurückzuführen ist, die über den Rahmen des Interviews hinaus geht. Verständnis zeigen und Probanden zu Verbesserungsvorschlägen anregen.

7.3.4 Anwendungsbeispiel: Auswertungsverfahren

Bei der Auswertung der Rückmeldung muss konkret über die Weiterführung des Prototyps entschieden werden. Darüber hinaus stellt sich die Frage, ob die Innovationsidee grundsätzlich bestätigt wurde.

Leitfragen

- Wurden der Bedarf (Leidensdruck) und die Relevanz der Innovationsidee bestätigt?
- Wie intuitiv bzw. erklärungsbedürftig war der Prototyp?
- Ist die Lösung den Wettbewerbsangeboten überlegen bzw. attraktiver als diese?
- Konnte die Vorführung des Prototyps die Probanden emotional bewegen, begeistern oder positiv überraschen?
- Lässt die Zahlungsbereitschaft eine wirtschaftliche Markteinführung zu?
- Bei internem Projekt: Ist die Akzeptanz für das Veränderungsvorhaben bestätigt?

Abb. 30: Auswertung einer Befragung – Was ist das Feedback im Überblick?

7.4 Blick zurück nach vorn

Auch die Evaluation führt wieder zu greifbaren Ergebnissen. Die Dokumentation der Kundenrückmeldungen beinhaltet wichtige Einsichten für das Projekt insgesamt:

- Der Produktidee und ihrer Umsetzung als Prototyp gibt sie richtungsweisende Impulse; diese liefern Anregungen für die Zukunft.
- Als implizite Überprüfung der zugrunde liegenden Annahmen gibt sie auch Feedback zum bisherigen Projektverlauf, weist also auch in die Vergangenheit.

Die dokumentierten Ergebnisse der Evaluation bergen demzufolge wertvolle weiterführende Einsichten. Sie sind zunächst ein Angebot, das seine Wirkung nur entfaltet, wenn es angenommen wird. Die Ergebnisse der Evaluation stellen dadurch eine Aufgabe, manchmal sogar eine Herausforderung für das Unternehmen dar: Nur wenn sie aufgegriffen und umgesetzt werden, wird der Wert zugänglich, der in ihnen steckt. Insofern sind auch diese Ergebnisse handlungsorientiert, da sie direkt Aktionen anstoßen oder einfordern. Hier zeigt sich in der DesignAgility deutlich der nahtlose Übergang zur Phase des Deployment, die mit der Modifikation des Prototyps auf der Basis der Evaluation beginnt.

Falls die Rückmeldungen in qualitativer Hinsicht nicht überzeugen, muss eine zusätzliche oder erneute Erprobung des Prototyps in Erwägung gezogen werden. Eine professionell durchgeführte und ausgewertete Evaluation ist immer eine lohnende Investition.

Checkliste!

Die **Evaluation** ist fertig, wenn …

- ☐ … eine Vorführung bzw. Erprobung des Prototyps mit Repräsentanten der Zielgruppe stattgefunden hat.
- ☐ … die Gruppe der Probanden die Zielgruppe insgesamt repräsentiert hat.
- ☐ … der Prototyp technisch wie geplant funktioniert hat.
- ☐ … die Erprobung zu inhaltlichen und glaubwürdigen Rückmeldungen geführt hat.
- ☐ … die Probanden unabhängig von ihrem inhaltlichen Feedback die Erprobung positiv erlebt haben.
- ☐ … die Rückmeldungen ausgewertet und als konstruktive, operationalisierbare Maßnahmen formuliert wurden.

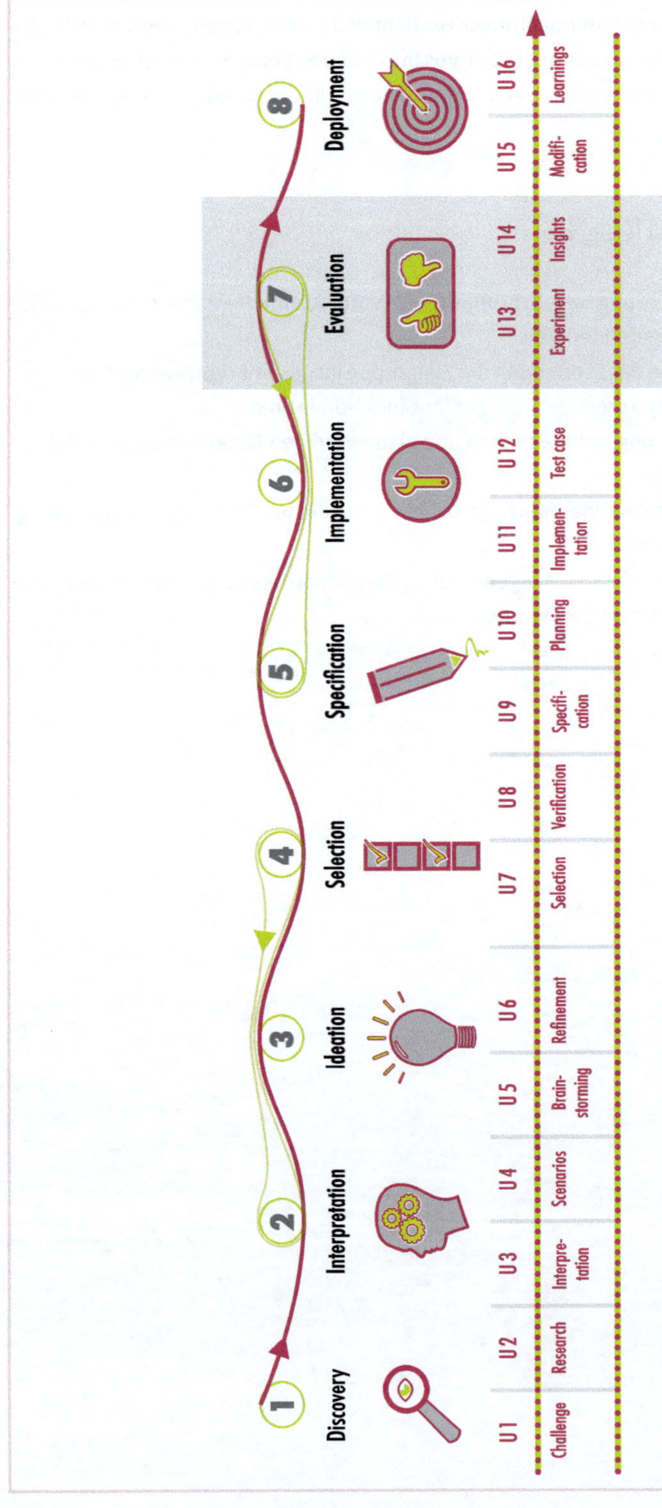
1
Discovery
2
Interpretation
3
Ideation
4
Selection
5
Specification
6
Implementation
7
Evaluation
8
Deployment
U1
Challenge
U2
Research
U3
Interpre-tation
U4
Scenarios
U5
Brain-storming
U6
Refinement
U7
Selection
U8
Verification
U9
Specifi-cation
U10
Planning
U11
Implemen-tation
U12
Test case
U13
Experiment
U14
Insights
U15
Modifi-cation
U16
Learnings

8 Deployment: Ergebnisse reflektieren und Entscheidung treffen

»Motivation is the catalyzing ingredient for every successful innovation. The same is true for learning.«
Clayton M. Christensen

Das Deployment ist das Finale der DesignAgility. Das Innovationsprojekt gelangt hier an einen wichtigen Entscheidungspunkt: Die Ergebnisse aus der Evaluation werden reflektiert, wichtige Erkenntnisse gewichtet, und der Prototyp wird optimiert, bevor Sie die finale Entscheidung zu weiteren Umsetzungsschritten treffen. Machen die Tests gravierende Änderungen am Prototyp erforderlich? Dann können zusätzliche Iterationen, z. B. ab der Specification bis zur erneuten Evaluation des Prototyps erfolgen. Ebenso wichtig wie die Learnings auf der Ebene des Produkts, des Services oder des Veränderungsvorhabens ist es, die Lernerfahrungen in der Teamarbeit für weitere Innovationsprojekte zu reflektieren, um die Kompetenzen optimal zu nutzen und die Motivation der Beteiligten zu stärken.

Vor der Reflexion und Entscheidung über die nächsten Schritte sind folgende Überlegungen relevant:

- Welche Änderungen aus der Evaluation möchten Sie im Prototyp noch umsetzen?
- Welche Widersprüche im Nutzerfeedback müssen eventuell genauer untersucht und aufgelöst werden?
- Welche Erfahrungen des Teams innerhalb des DesignAgility-Projekts lassen sich für Folgeprojekte nutzen?

Wie geht es nach dem Deployment weiter? Ausgehend von den zusammengefassten Ergebnissen folgt nun die Überleitung in die nächste Stufe: Vom Experiment zu größeren Tests oder direkt zum Umsetzungsprojekt, was die Einbindung weiterer Organisationseinheiten oder externer Ressourcen erfordert.

8.1 Case-Study: Welches Ergebnis liefere ich aus?

Der Testtag lief dank der Vorbereitung in der Phase der Implementation sehr gut. Lucas Auftraggeber ist erstaunt, wie viele wertvolle Rückmeldungen sie aus der Evaluierung gewonnen haben, obwohl noch gar kein fertiges Produkt vorlag. Die wichtigste Erkenntnis: Bisher sind sie alle immer davon ausgegangen, dass sie ihre Kunden einfach mit gezielten Marketingmaßnahmen mehrfach ansprechen und dass die Häufigkeit der Ansprache dazu beiträgt, von reinem Interesse zu einer Kaufentscheidung zu kommen.

Die qualitativen Insight-Interviews vorab und die genaue Hinterfragung der Nutzerbedürfnisse haben dazu geführt, das lösenswerteste Problem erst einmal klarer zu analysieren. Dies hat es dem Team ermöglicht, den potenziellen Kunden durch eine Visualisierung der Solarlösung und mehr Klarheit bezüglich Preisen und Lieferzeiten eine bessere Grundlage für die Kaufentscheidung zu bieten. Die Probanden haben die Idee sehr gut angenommen, spielerisch Punkte zur möglichen Energieeinsparung zu sammeln und im Ranking zu sehen, wie sie im Vergleich zu anderen Energieumsteigern dastehen.

Bei der Evaluierung des Prototyps kam den Probanden die zusätzliche Idee, die potenzielle Einsparung und den Beitrag zur Energiewende in den Kaufprozess zu integrieren: Entscheidet sich der Kunde für die Solarlösung, gibt es je nach Beitrag zur Energiewende Punkte z. B. einen Gutscheincode, der bei Partnerunternehmen für energiesparende Leuchtmittel genutzt werden kann. Dies ist sehr naheliegend. Das Team ist jedoch vorher nicht darauf gekommen, da es noch zu sehr nur die eigenen Solarprodukte als zentrales Element der Visualisierung und Simulation gesehen hat. Schnell steht fest: Der Prototyp wird so überarbeitet, dass er diese Erkenntnisse berücksichtigt. Die wichtigsten Lernerfahrungen werden für Folgeprojekte notiert, Luca übergibt die Projektdokumentation.

Für den Auftraggeber ist klar: Diese Art, Innovationen in das Unternehmen zu bringen, war eine kostengünstige, erkenntnisreiche Erfahrung und hat eine völlig neue Interaktion mit der Kundenzielgruppe gebracht und das Geschäftsmodell z. B. durch die Affiliate-Partnerschaften mit anderen Unternehmen erweitert. Sie wissen, dass sie die genaue Geschäftsmodellkalkulation noch unter die Lupe nehmen müssen, bevor es in die Umsetzung geht. Aber es war gut, sich zunächst auf die Kundenbedürfnisse und mögliche Lösungsszenarien zu fokussieren, sonst hätten sie womöglich zu klein und nur in einem kleinen Korridor einfacher möglicher Lösungen gedacht. Sie wissen nun, wie die Zielgruppe tickt und was sie genau braucht. Dies führt zu einer viel klareren Kommunikation mit potenziellen Kunden und zu zielführenden Interaktionen mit der Community. Luca hat mit dem Agenturteam eine Kommunikationsstrategie und dazu passende Engagement Metrics entwickelt, die dem Solarkunden helfen, den Erfolg sichtbar zu machen.

Die Marketingleiterin des Solaranbieters bedankt sich bei Luca für die Zusammenarbeit. Der gesamte DesignAgility-Prozess hat ihnen neben der eigentlichen Beauftragung einer neuen Content-Marketing-Strategie viele Erkenntnisse zu ihren Kundenbedürfnissen und einem neuen erweiterten Geschäftsmodell intern eine Menge Erkenntnisse zum Umgang mit Innovationen und Veränderungen gegeben, die sie als Team sehr gut auf andere Projekte anwenden können.

8.2 Deployment – Warum diese Phase?

Das Deployment ist der letzte Schritt der DesignAgility, in der Sie die Entscheidung zur weiteren Umsetzung treffen. Ganz bewusst werden dem Team hier Zeit und Raum gegeben, die Erkenntnisse der ersten Tests zu analysieren und gemeinsam darüber zu entscheiden, welche Verbesserungsmöglichkeiten zwar erkannt, aber nicht umgesetzt werden und welche für ggf. weitere Iterationen oder Entwicklungsschritte genutzt werden können. Neben der Optimierung des Prototyps werden im Deployment die Learnings während der verschiedenen Phasen der DesignAgility im Team reflektiert. Prozesse, Abläufe, Testvorbereitungen, externe Experten – was lief richtig gut? Wo könnten wir uns in der Zusammenarbeit verbessern? Was würden wir beim nächsten Mal noch hinzufügen, weglassen, anders machen?

Diese wertvollen Erfahrungen trägt jede/r mit in Folgeprojekte. Mit der Dokumentation und optional dem Pitch der Ergebnisse und der Freigabe durch Stakeholder – z. B. Auftraggeber oder interne Entscheider*innen – ist der DesignAgility-Prozess in sich einmal abgeschlossen.

Das Deployment ist wichtig, weil …

- … Sie hier darüber entscheiden, ob aufgrund der Evaluierungsergebnisse kleine Nachbesserungen des Prototyps ausreichen oder Sie den Loop zurück bis zur Specification der DesignAgility gehen;
- … hier das Innovationsprojekt für weitere Umsetzungsschritte freigegeben, dokumentiert und/oder abgeschlossen wird;
- … Sie die im Team gemachten Erfahrungen reflektieren und Learnings für Folgeprojekte reflektieren.

8.3 Wie? Schritte im Deployment

- Modification (U15)
- Learnings (U16)

8.3.1 Modification: Prototyp überarbeiten (U15)

Vorbereitung

- Work Sheet »Modification: Überarbeitung des Prototyps« (www.designagility.de),
- Ergebnisse und Änderungsvorschläge aus der Evaluation.

Ablauf

1. Werten Sie die Beobachtungen, Interviews etc. aus der Evaluierung aus.
2. Priorisieren Sie die Ergebnisse nach Dringlichkeit, Machbarkeit und Nutzen und …
3. … wägen Sie im Team ab, welche Nachbesserungen Sie am Prototyp vornehmen werden, …
4. … oder gehen Sie zurück bis zur Specification, wenn Sie die Testreihe und die Ausprägung des Prototyps neu definieren möchten.
   Treffen Sie die Entscheidung zur weiteren Umsetzung und Marktreifeprüfung aufgrund Ihrer Ergebnisse und unter Einbindung ggf. weiterer Stakeholder.
5. Dokumentieren Sie alle DesignAgility-Ergebnisse, von der U1 bis zur U16, für Folgeprojekte.

So viel Zeit sollten Sie einplanen

2–3 Stunden (ohne Überarbeitung oder Iteration bis zur Specification).

Das brauchen Sie für die Durchführung

Visualisierung und Priorisierung der Evaluierungsergebnisse und Schritte zur Nachbesserung (z. B. ausgearbeitete Work Sheets [Modification & Learnings], Flipchart oder digitales Whiteboard).

Das kann passieren, und so können Sie reagieren

Die Evaluierungsergebnisse werden falsch bewertet oder Entscheidendes übersehen: Spiegeln Sie den umgekehrten Weg. Welche Auswirkungen hätte die Anpassung einzelner Aspekte auf die komplette User-Journey? Legen Sie fest, welche Anpassungen jetzt noch wichtig sind, bevor Sie weitere Entscheidungen zur Umsetzung treffen.

8.3.2 Anwendungsbeispiel: Priorisierung der Anforderungen (aus der Kundenevaluierung)

Sie haben die Ergebnisse aus Beobachtungen und Interviews zusammengefasst und stellen die Ergebnisse im Team vor. Um zu entscheiden, ob und welche Anpassungen Sie vornehmen, gehen Sie für eine Priorisierung wie folgt vor:

1. Was hat den größten Aha-Moment und Begeisterung ausgelöst? (+) Stärken
2. Welche Hürden haben die Probanden im Test angesprochen oder beobachtet? (–) Schwächen
3. Welchen Einfluss (*Impact*) hätte die Änderung für die Zielgruppe? (stark/gering)
4. Wie beeinflusst die Anpassung die User-Journey insgesamt? Mehrwert für die Zielgruppe? (hoch/niedrig)
5. Wie aufwendig ist die kurzfristige Umsetzung der Änderung? (hoch/niedrig)

Modification: Überarbeitung des Prototypen (U15)

Umsetzungs-maßnahme	Machbarkeit/ Aufwand?	Priorität	Verantwortlich	Bis wann

Abb. 31: Priorisierung des Kundenfeedbacks

8.3.3 Learnings: Erfahrungen reflektieren (U16)

Vorbereitung

- Alle Projektbeteiligten,
- Dokumentation der DesignAgility-(Teil-)Ergebnisse.

Ablauf

1. Reflektieren Sie die Learnings im Team, erst jede/r individuell z.B. auf Haftnotizen oder mit digitalen Alternativen (z.B. einem Umfragetool wie Mentimeter), dann gemeinsam.
   Tipp: Nutzen Sie hier unser Work Sheet »Learnings« auf www.designagility.de oder eine andere Methode zur Retrospektive oder moderieren Sie frei: Was lief gut, und wo konnten wir unsere Stärken gut einbringen? Wo lief es schlecht, und was würden wir bei einem weiteren Durchlauf stoppen/weglassen? Was fehlte, und was wollen wir in Zukunft anders machen?
2. Schauen Sie gemeinsam auf die Ergebnisse, und moderieren Sie die wichtigsten Erkenntnisse.

So viel Zeit sollten Sie einplanen

30–60 Minuten.

Das brauchen Sie für die Durchführung

Work Sheet »Learnings« (www.designagility.de), eine andere Methode zur Retrospektive oder Sie moderieren frei (für mögliche Fragen s. oben).

Das kann passieren, und so können Sie reagieren

Die Durchführung findet als offene Frage an alle im Raum statt. Dadurch erhalten Sie kein ehrliches Feedback, da sich die Teilnehmer gehemmt fühlen: Nehmen Sie sich die Zeit für die Reflexion. Alternativ können Sie dies auch anonymisiert durch ein Umfragetool erfragen und die Ergebnisse für alle transparent veröffentlichen. Wichtig ist hier eine gute Moderation, die alle Stimmen auffängt und spiegelt, sodass das Team gestärkt und nicht geknickt aus dieser wertvollen Reflexion hervorgeht.

Links: Umfragetools wie www.mentimeter.com oder www.invote.de, www.surveymonkey.de oder einfache Umfragen mit Google Forms (als E-Mail/Link) sind digitale Alternativen.

8.3.4 Anwendungsbeispiel: Learnings

Nehmen Sie sich zumindest kurz Zeit, um Ihre Lernerfahrungen zu teilen.

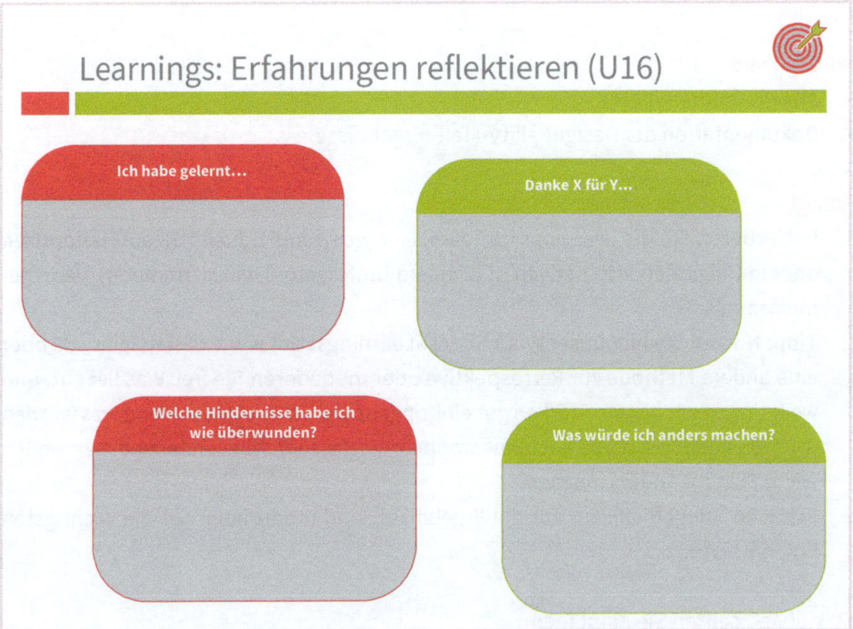

Abb. 32: Learnings – Erfahrungen reflektieren

Post your Learnings here, please!

1. Geben Sie jeder Person ausreichend Haftnotizen (oder eine digitale Alternative).
2. Lassen Sie alle für 10 Minuten in drei Bereichen so viele Zettel ausfüllen, wie ihnen einfallen, indem sie z. B. folgende Sätze vollenden:
   - Bereich A (grüne Zettel): Danke, (Person) X für Y
   - Bereich B (blaue Zettel): Ich habe gelernt, dass ...
   - Bereich C (rote Zettel): Was war hilfreich, was war hinderlich? (+/–)
3. Schauen Sie die Ergebnisse zusammen an und picken einzelne Zettel heraus. Diskutieren Sie kritische Themen und formulieren eine Lösung für zukünftige Projekte.

8.4 Blick nach vorn zurück

Mit dem Deployment haben Sie den Abschluss des DesignAgility-Prozesses erreicht. Am Ende dieser Phase entscheiden Sie über die Fortführung als Umsetzungsprojekt. Wenn sich herausstellt, dass die Testergebnisse gravierende Mängel in der Nutzerakzeptanz, der technischen Machbarkeit oder Markttauglichkeit ergeben haben, so wird der Prototyp in der Galerie ihrer (nicht verwirklichten) Innovationsversuche ausgestellt. Diese Ergebnisse sollten ebenso transparent im Unternehmen kommuniziert und die Leistung des Teams wertgeschätzt werden wie Erfolg versprechende Prototypen. Die Learnings aus nicht umgesetzten Prototypen sind wertvoll, weil Risiken früh erkannt und die wirtschaftlichen Auswirkungen dadurch auf ein Minimum begrenzt wurden und solche Projekte ihr Team und Unternehmen letztlich stärken.

Ergebnisse sichern – Take-aways

- Überarbeiteter Prototyp als Entscheidungsgrundlage.
- Key Learnings.

Was noch? Weitere Stakeholder einbinden

Nachdem Sie Ihren Prototypen in einem kleinen Team schnell und ressourcenschonend validiert haben, ist spätestens jetzt der richtige Zeitpunkt, Ihre Ergebnisse aus dem DesignAgility-Prozess relevanten Stakeholdern zu zeigen und eine Entscheidung zur weiteren Umsetzung des Innovationsvorhabens zu treffen. Weitere kleine Prototypen und Validierungstests können erfolgen, um das Produkt oder den Service zu erproben oder intern den Rückhalt wichtiger Stakeholder zu gewinnen.

Checkliste!

Das **Deployment** ist fertig, wenn …

- ☐ … Sie den Prototypen mit den wichtigsten Erkenntnissen der Evaluation überarbeitet haben.
- ☐ … über erneute Tests oder die weitere Umsetzung final entschieden wurde.
- ☐ … die Dokumentation aller Ergebnisse zusammengestellt ist.
- ☐ … die Erfahrungen im Team reflektiert und Learnings für Folgeprojekte festgehalten wurden.

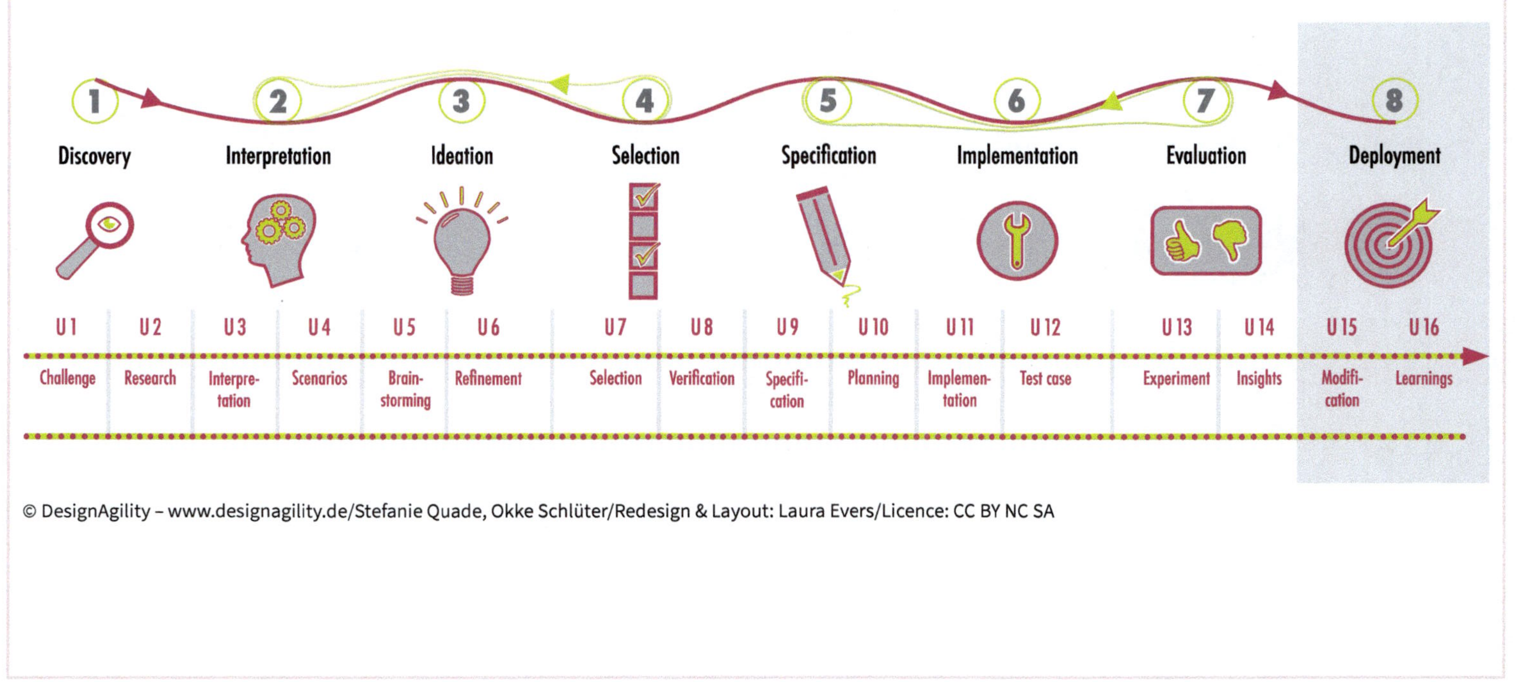
1
Discovery
2
Interpretation
3
Ideation
4
Selection
5
Specification
6
Implementation
7
Evaluation
8
Deployment
U 1
Challenge
U 2
Research
U 3
Interpre-tation
U 4
Scenarios
U 5
Brain-storming
U 6
Refinement
U 7
Selection
U 8
Verification
U 9
Specifi-cation
U 10
Planning
U 11
Implemen-tation
U 12
Test case
U 13
Experiment
U 14
Insights
U 15
Modifi-cation
U 16
Learnings

VI Implementierung der permanenten Veränderung in der (lernenden) Organisation

»Life is not a problem to be solved, but a reality to be experienced.«
Søren Kierkegaard

Wie meistern wir die permanente Veränderung? Neben dem Herzstück unseres Buches, dem DesignAgility-Prozess, gibt es angrenzende Themen, die wir für besonders wichtig erachten. DesignAgility ist durchlässig und kombinierbar mit anderen Methoden, die Sie ggf. schon in Zusammenhang mit anderen Transformations- und Innovationsprojekten kennengelernt und für gut befunden haben. Die Anwendung in der Praxis und oftmals verschiedenes Vorwissen der Menschen in den Projekten führen jedes Mal erneut zu ganz einzigartigen Erfahrungen. Es gibt also nie nur den einen Weg, und unser langfristiges Ziel ist die Implementierung der permanenten Veränderung in der Organisation.

In den Kapiteln VI–IX beschreiben wir die Aspekte, die aus der Erfahrung unserer vielen Projekte für den nachhaltigen Erfolg entscheidend sind:

- Implementierung der permanenten Veränderung (Kap. VI),
- Profitabilität/Business (Kap. VII),
- Wie geht's weiter? Innovationen und Veränderungen im Team verstetigen und messen (Kap. VIII),
- Ausblick: DesignAgility – Nach dem Spiel ist vor dem Spiel (Kap. IX).

Einstieg in die permanente Veränderung

Nachdem Sie mit Ihrem Team Ihr Projekt mit DesignAgility erfolgreich in der ersten oder vielleicht auch schon zweiten Iteration verprobt haben, stellt sich die Frage: Wie geht's jetzt genau weiter? Was folgt, nachdem man alle acht Phasen des DesignAgility-Prozesses durchlaufen und im Deployment einen validierten Prototyp als Entscheidungsgrundlage für die nächsten Schritte der Umsetzung vorliegen hat?

Mit der DesignAgility-Systematik haben Sie einen ganz konkreten Anwendungsprozess für die Praxis. Statt nur auf der Metaebene der Theorie zu verharren, haben wir uns mit den kleinteiligen 16 Schritten im DesignAgility-Prozess bewusst für eine praxistaugliche

Methode entschieden und Ihnen konkrete Workshopvorlagen an die Hand gegeben, mit denen Sie Ihr Veränderungsvorhaben direkt starten können, um

- die Einstiegshürde niedrig zu halten,
- keine Ausrede mehr zu haben und leicht ins Machen zu kommen,
- eine Grundlage zu schaffen, auf der Sie aufbauen können.

Blick zurück nach vorn – Was wir bis hier gelernt haben

Genauso wichtig wie einerseits direkt ins Tun zu kommen ist es, den Blick andererseits auf das große Ganze zu lenken und die Interessen wichtiger Stakeholder zu berücksichtigen, damit es eben nicht bei einem einmaligen Zweitagesworkshop oder einem einmaligen Dreimonatsprojekt mit erfolgreich validierten Prototypen bleibt, sondern Ihre Organisation als Ganzes die permanente Veränderung implementiert. Das einzelne Vorhaben muss in den Gesamtprozess integriert werden, damit die neuen Produkte und Services skaliert und im Markt erfolgreich neue Umsätze generiert werden oder das interne Change-Programm wirklich nachhaltig greift.

Werfen Sie bei der Gelegenheit doch gern noch mal einen Blick auf die verschiedenen Use-Cases unserer Personas, die wir in Kapitel I (»Für wen ist DesignAgility gedacht?«) beschrieben haben. Im Ausblick (Kap. IX) finden sich verschiedene Lösungen für die jeweiligen Herausforderungen unserer Personas. Die Geschichten sind angelehnt an reale Beispiele aus unseren Erfahrungen in der Zusammenarbeit mit Unternehmen.

Fassen wir einmal zusammen, was wir bisher unter die Lupe genommen haben und was als weitere Implementierungsaspekte folgen:

- Sie beobachten die Dynamiken im Markt und in der Welt und suchen Lösungen, wie Sie den Chancen und Herausforderungen im Markt begegnen und die Zukunft greifbar gestalten können.
- Sie haben die Leitplanken für Ihr Unternehmen gesetzt und wissen, in welche Richtung Sie sich (strategisch) bewegen wollen.
- Sie bleiben nicht bei Träumen oder Mutmaßungen: Zusammen mit Ihrem Team entwickeln Sie mit DesignAgility systematisch vom lösenswertesten Problem aus Nutzersicht einen validierten Prototyp, der Ihnen als fundierte Entscheidungsgrundlage für die Umsetzung dient.

Herzlichen Glückwunsch! Sie haben in kurzer Zeit ressourcenschonend eine Innovation erprobt. Um daraus jedoch eine einsatzfähige oder vermarktbare Lösung zu machen, müssen Sie den Weg konsequent weiter gehen. Suchen Sie Unterstützung und Rückhalt für Ihre Idee in der Organisation – beim Management ebenso wie bei Kollegen. Oft werden weitere Prototypen erstellt und getestet, bis das Feedback von der Zielgruppe so gut ist, dass man bereit ist für den Markteintritt oder den internen Launch.

Neben den Aspekten der Profitabilität und der Verstetigung der Veränderungsfähigkeit (ChangeAbility) innerhalb Ihres Teams folgen in den nächsten Abschnitten wichtige Aspekte der Implementierung der permanenten Veränderung in Ihrer Organisation:

- Integration weiterer Stakeholder in Ihrem Ökosystem:
  - Was brauchen das Ökosystem und die relevanten Stakeholder, um die strategischen Ziele zu erreichen und zukunftsfähig zu werden?
  - Wie sehen die Bedürfnisse der Menschen in der Organisation aus, die Sie in die permanente Veränderung einbeziehen wollen? Welche Chancen, aber auch Risiken sehen Sie?
  - Wie kreieren wir einen Rahmen für die kontinuierliche Veränderung? Was braucht es technisch und organisatorisch dafür?
  - Wie schaffen wir Werte für das Unternehmen und die Menschen innerhalb der Organisation?
- Reskilling und Upskilling als Erfolgshebel:
  - Megatrends wie Digitalisierung, künstliche Intelligenz und Globalisierung müssen im Anwendungskontext der Organisation betrachtet werden. Nicht nur Wissen, sondern Fähigkeiten sind gefragt.
  - Anwendungswissen von Menschen für Menschen im Unternehmen muss permanent, strukturiert und niederschwellig im Praxisalltag ausgetauscht werden.
  - Team- und Peer-Learning-Formate sind genauso bedeutend wie ein individuelles personenzentriertes Lernen, um die Bedürfnisse der Lernenden in der Organisation wirklich zu erfüllen.

Letztlich sichert nur die Implementierung der permanenten Veränderung in die lernende Organisation den nachhaltigen Erfolg. Wegen des auf Dauer dynamischen Marktumfeldes und disruptiver Innovationen können einzelne Innovations- oder Change-Projekte meist nicht als Erfolg oder Lösung insgesamt gelten. Sie können aber Perlen einer Kette sein, die nachhaltige Innovation oder Verstetigung der Veränderungsfähigkeit bringt. Auf diese Weise sichern Sie langfristig die Profitabilität und die generelle ChangeAbility Ihrer Organisation. Damit befassen sich die nächsten beiden Kapitel.

VII Profitabilität und Business

Dass Innovationen für die Zukunftssicherung der meisten Unternehmen unverzichtbar sind, haben wir bereits in der Einleitung festgestellt. Natürlich sind Innovationen kein Selbstzweck: Sie sorgen für Stabilität und Wachstum, wenn sich andere Produkte und Dienstleistungen in der Reifephase ihres Lebenszyklus' oder im Rückgang befinden. Das kann wiederum nur gelingen, wenn die Innovationen erfolgreich und auch profitabel sind. Letzteres haben wir bis zu dieser Stelle bewusst ausgeklammert: Wir haben uns vor allem auf die qualitativen Aspekte von Lösungen und Innovationen konzentriert, damit Kalkulationen oder Businesspläne nicht die kundenzentrierte Innovation überlagern. Früher oder später aber muss man sich mit der Profitabilität von Innovationen befassen. Wann ist ein geeigneter Moment dafür?

Wann macht eine Wirtschaftlichkeitsbetrachtung Sinn?

Grundsätzlich gibt es mehrere Momente, in denen quantitative Aspekte naheliegen bzw. berücksichtigt werden können:

1. In der U2 (Research) werden Zielgruppen- und Marktgröße und eine Reihe anderer Werte recherchiert oder erhoben. Hier könnte man die Erlöspotenziale analysieren.
2. In der U9 (Specification) nimmt durch die Form des Prototyps die Lösung konkrete Gestalt an – dies macht es leichter, sie zu Konkurrenzangeboten in Beziehung zu setzen und das Marktpotenzial abzuschätzen.
3. Wenn in der U14 (Insights) die Rückmeldungen der Probanden zum Prototyp ausgewertet werden, wird auch die Zahlungsbereitschaft thematisiert; dadurch werden neben den ungefähren Kosten auch Erlöse absehbar.

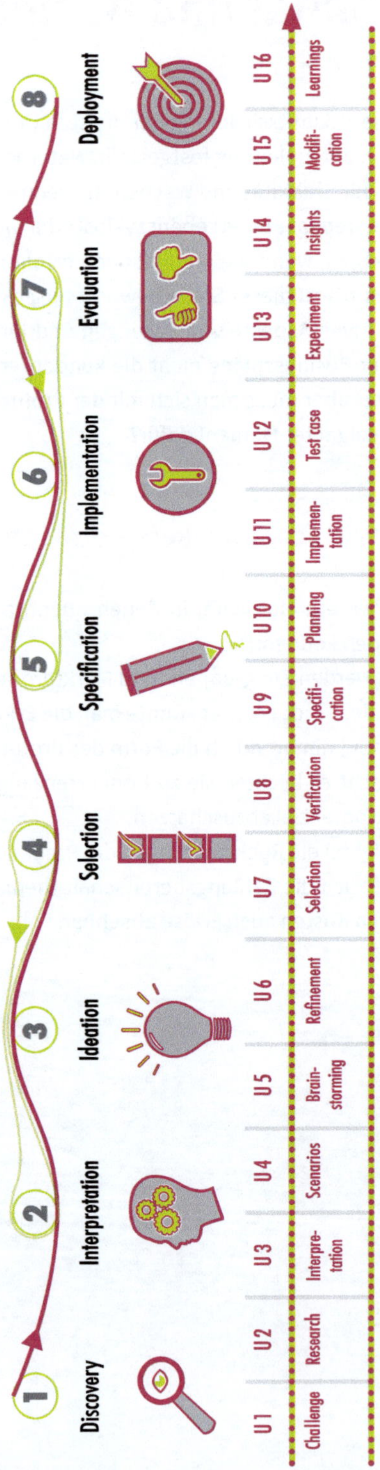

1 Discovery
2 Interpretation
3 Ideation
4 Selection
5 Specification
6 Implementation
7 Evaluation
8 Deployment

U 1	U 2	U 3	U 4	U 5	U 6	U 7	U 8	U 9	U 10	U 11	U 12	U 13	U 14	U 15	U 16
Challenge	Research	Interpre-tation	Scenarios	Brain-storming	Refinement	Selection	Verification	Specifi-cation	Planning	Implemen-tation	Test case	Experiment	Insights	Modifi-cation	Learnings

Für eine Wirtschaftlichkeitsbetrachtung bietet sich einer dieser Zeitpunkte im Innovationsprojekt oder auch alle drei an.

Entscheidend ist der jeweilige Fokus:

Ad 1. Während der Research-Phase sollte man sich nur mit Markt- und Zielgruppengrößen befassen. Eine Kalkulation jedoch wäre mit extremer Unsicherheit behaftet – schließlich ist man dabei, das Problemfeld genauer zu verstehen, von der Lösung ist aber noch nichts erkennbar. Selbst etablierte Preispunkte sind nur begrenzt aussagefähig, da die zu entwickelnde Lösung ganz anders geartet sein kann. Also sind mögliche Kosten oder Erlöse rein spekulativ.

Ad 2. Für die Specification hat man die User-Stories auch in Features und Funktionalitäten übersetzt. Damit wird für Fachleute erkennbar, welcher Entwicklungsaufwand damit in etwa verbunden wäre – falls die Probanden bei der Evaluierung den Prototyp gutheißen. Zu diesem Zeitpunkt kann man also die Kostenseite besser abschätzen, aber über die Erlöse kann man noch nichts sagen.

Ad 3. Mit den Insights und den darin enthaltenen Aussagen zur Zahlungsbereitschaft kann man den geschätzten Kosten auch Erlöse zuordnen – jetzt wird es möglich, den Break-even-Point zumindest zu schätzen. Dies fließt häufig neben dem Kundenfeedback zum Prototyp in die Entscheidung, ob die Idee weitergeführt wird, ein.

Es wird deutlich, dass erst im Verlauf eines Innovationsprojektes Daten entstehen, die für eine einigermaßen aussagekräftige Kalkulation einer neuartigen Lösung notwendig sind. Hätte man den Softwareingenieur Greg Christie bei Apple bereits 2004 gebeten, das neuartige iPhone zu kalkulieren (das erst 2007 als Neuheit vorgestellt wurde)[1], wäre das Projekt wohl nie bewilligt worden.

So wie die Einsichten bzw. die Gewissheit zur Lösung im Laufe eines Design-Sprints zunimmt, wird auch die Kalkulation phasenweise belastbarer. Eine grobe Schätzung der Profitabilität ist am Ende eines DesignAgility-Projektes möglich, aber verlässlich wird sie erst, wenn man die Berechnung im weiteren Projektverlauf regelmäßig überprüft, angepasst und präzisiert. Mit anderen Worten: Die Kalkulation muss genauso agil sein wie das Innovationsprojekt selbst – was bei Entscheidern oft nicht auf viel Gegenliebe stößt. Da in bestimmten Projektphasen Daten und Erkenntnisse generiert werden, ist es empfehlenswert, Überprüfungen im Sinne eines Stage-Gate-Verfahrens (https://wirtschaftslexikon.gabler.de/definition/stage-gate-modell-46893) immer an das Ende solcher Projektphasen zu legen, bei denen die Kalkulation wieder ein Stück aussagekräftiger geworden ist.

1 https://www.t-online.de/digital/smartphone/id_68690496/iphone-erfinder-packt-aus-apple-boss-steve-jobs-hatte-nase-voll-.html

Auf der Metaebene ist es wichtig, die Aussagekraft solcher Kalkulationen in der Organisation grundsätzlich zu thematisieren: Wie viel Gewicht misst man ihr zu welchem Zeitpunkt bei? Wenn die quantitativen Erfolgsgrößen von frühen Innovationsprojekten zu konkret oder zu anspruchsvoll definiert sind, besteht erfahrungsgemäß die Gefahr, dass die Kalkulation kreativ so angepasst wird, dass die geforderten Kennzahlen und Werte erreicht werden. Damit ist letztlich niemandem gedient, weil die scheinbare Sicherheit zu schlechten Entscheidungen führen kann. Deswegen versteht sich auch DesignAgility an sich als *Framework,* das an die Anforderungen und die Kultur einer Organisation angepasst werden kann. Durch diese Flexibilität stellt es einen Gesprächsanlass dar, um sich über Kenngrößen von Innovations- und Transformationsprojekten auszutauschen und geeignete Größen festzulegen.

Kombinierter Einsatz von DesignAgility und Business Model Canvas

Ebenso wichtig wie die Anpassbarkeit ist das Zusammenwirken von Werkzeugen oder Konzepten, die im Unternehmen bereits etabliert und gebräuchlich sind. Im Zusammenhang mit Innovationsmanagement und Business Development ist hier für den deutschen Sprachraum vor allem der Ansatz des *Business Model Canvas* (BMC – https://www.strategyzer.com/library/the-business-model-canvas) zu nennen. Lässt sich DesignAgility parallel zum BMC oder sogar in Kombination mit ihm verwenden? Das geht auf jeden Fall, weil beide Konzepte im Grundsatz komplementär angelegt sind:

- BMC fragt aus einem systemorientierten Blickwinkel, welche Faktoren für eine Angebotsinnovation zu berücksichtigen und zu klären sind. Die Innovation selbst steht als Value Proposition (Wertangebot) im Zentrum, wird aber eher statisch betrachtet, weil Anforderungen an sie definiert werden.
- DesignAgility dagegen thematisiert gerade die Vorgehensweise, mit der eine Innovation oder Veränderung aus Zielgruppensicht entwickelt, evaluiert und optimiert wird. Abgesehen von den Kundensegmenten analysiert sie dabei die in der BMC enthaltenen Aspekte aber nicht.

Beide Ansätze lassen sich also sehr gut parallel oder in Kombination verwenden: DesignAgility für die Initiierung eines Innovations- oder Veränderungsprojektes (weil sie von den Pain Points der Zielgruppe ausgeht), BMC für die Einbettung der Innovation aus Geschäftsmodellperspektive.

VIII Wie geht's weiter? Innovationen und Veränderungen im Team verstetigen und messen

»Nichts ist so beständig wie der Wandel.«
(Heraklit von Ephesus, 535–475 v. Chr.)

In einem sich ständig verändernden Marktumfeld ist es unerlässlich, dass Unternehmen agil und anpassungsfähig sind. Dies erfordert nicht nur klare Strategien und Prozesse, sondern auch eine Bereitschaft zur Veränderung, um Innovationen effektiv umzusetzen. Ein einzelnes Innovationsprojekt oder ein Veränderungsvorhaben systematisch zu bearbeiten, z. B. unter Anleitung der DesignAgility oder anderer Frameworks, ist das eine – der noch bedeutungsvollere andere Aspekt in Zeiten der Transformation ist, die Veränderungsfähigkeit strategisch innerhalb der Organisation zu verankern, operativ in den Teams zu verstetigen und kontinuierlich zu verbessern.

Das Denken in Innovationen ist erlernbar. Davon sind wir Autoren nicht nur überzeugt, wir haben es schon mehrfach live erlebt und gespiegelt bekommen von den Menschen, mit denen wir in Workshops oder Beratungen von Teams in Unternehmen zusammengearbeitet haben. Wir haben in der Reflexion Aussagen einer Teilnehmerin gehört wie: »Ich habe festgestellt, das ist ja nicht nur etwas für die Arbeit, das ist ja etwas fürs Leben!« Die Frau erzählte beispielhaft, wo sie das Gelernte auf andere Themen innerhalb des Unternehmens übertragen könnte, schmunzelte dann und stellte fest, dass sie dies ebenso im privaten Kontext für sehr brauchbar sieht, z. B. um bessere Entscheidungen für die Zukunft treffen zu können. Auch was andere Teilnehmende unserer Seminare und Workshops noch an vielen lebhaften Beispielen aufzählen, trifft es im Kern wie folgt: Das Denken in Innovationen und die damit einhergehende Kompetenz, mit ständigem Wandel und Veränderungen umzugehen, hat sehr viel mit einer Haltung und dem daraus resultierenden Verhalten zu tun, die zu fundierten Entscheidungen unter Unsicherheit (denn die Zukunft ist ja selten mit Sicherheit vorhersehbar) führt.

Voraussetzungen der Veränderungsfähigkeit

Es gibt zahlreiche Bücher, die sehr gut und tief in die Theorien der Transitionsforschung gehen und ebenso viele Fachbücher, die im unternehmerischen Kontext das Thema Change Management beleuchten.

Der handelnde Mensch gilt als wichtiges Element der organisatorischen Veränderungsfähigkeit. Das Mindset (Haltung, Bereitschaft) und Skillset (Kompetenz) sind die Grundlagen für diese Veränderungskompetenz. Da wir mit DesignAgility im Schwerpunkt innovative Produkte, Services und Transformationsvorhaben entwickeln, die durch die digitale Transformation getrieben sind, betrachten wir im Folgenden ausgewählte Kompetenzen, die für den Erfolg im Team besonders wichtig sind und nicht alle sogenannten Future Skills. Ebenso bedeutend ist eine Unternehmenskultur, die Kreativität und neue Ideen fördert und eine Umgebung schafft, in der Innovationen gedeihen können und die Widerstandsfähigkeit gestärkt wird. Die Zusammenarbeit und Kommunikation innerhalb eines Teams sind von entscheidender Bedeutung, da Innovation und Change nicht von Einzelpersonen allein bewältigt werden können. Teams, die gut zusammenarbeiten und komplementäre Innovations- oder Veränderungskompetenzen haben, sind erwiesenermaßen erfolgreicher (Noorda/Schlüter 2024).

Auf der Makroebene wird die strategische, organisatorische Veränderung betrachtet, auf der Mikroebene die des Individuums. Da DesignAgility die Arbeit in Innovationen und Veränderungsvorhaben durch Teams beschreibt, möchten wir hier den Schwerpunkt auf die Mesoebene der Veränderungsfähigkeit in Teams legen, die Aspekte der Makro- und Mikroebene berücksichtigt.

ChangeAbility Score – Indikator Ihrer Veränderungsfähigkeit

Wir fokussieren uns hier auf die Verstetigung der permanenten Veränderung innerhalb von Teams und möchten Ihnen ein anwendbares Modell in Form des von uns entwickelten **ChangeAbility Scores** zur Verfügung stellen. Dieser dient dazu, Klarheit über den aktuellen Stand Ihrer Veränderungsfähigkeit zu erhalten und geeignete Maßnahmen zur Stärkung Ihres Teams anzuwenden. Ziel ist es, die Zukunft Ihres Unternehmens proaktiv zu gestalten, Ihre Teams zu befähigen, genau dies zu tun und dafür die Rahmenbedingungen als Organisation zu schaffen. Wir empfehlen, den ChangeAbility Score als Reflektion gemeinsam im Team zu bearbeiten und die Indikatoren und geeignete Maßnahmen zum gemeinsamen Lernen als Gruppe festzulegen.

Der **ChangeAbility Score** fokussiert sich somit auf die fünf wichtigsten Säulen, die das Fundament für das »Denken in Innovationen« bildet:

1. Technologische Kompetenz,
2. Innovationskompetenz,
3. Entscheidungskompetenz,
4. Corporate Culture & Values,
5. Zusammenarbeit & Kommunikation.

Der **ChangeAbility Score** zielt darauf ab, die Veränderungsfähigkeit eines Teams oder einer Organisation zu bewerten und zu verbessern. Um dies zu erreichen, haben wir fünf Schlüsselaspekte identifiziert, die das Fundament einer erfolgreichen Veränderungsfähigkeit bilden. Für jeden dieser Aspekte werden im Folgenden drei Fragen mit je vier Antwortmöglichkeiten auf einer Likert-Skala vorgestellt:

1. Technologische Kompetenz

Frage 1: Inwieweit verfügen wir als Team über die notwendige Datenkompetenz (AI & Data Literacy), um Daten zur Unterstützung von Entscheidungsprozessen effektiv zu nutzen?

(1) Gar nicht
(2) Wenig
(3) Viel
(4) Sehr viel

Frage 2: Wie gut sind wir als Team darin geschult, Zukunftstechnologien für die eigene Branche zu adaptieren und effektiv zu nutzen?

(1) Gar nicht
(2) Wenig
(3) Viel
(4) Sehr viel

Frage 3: Haben wir als Team die Fähigkeit, technologische Entwicklungen zu verstehen und diese in unserem Aufgabenbereichen anzuwenden?

(1) Gar nicht
(2) Wenig
(3) Viel
(4) Sehr viel

2. Innovationskompetenz

Frage 1: Wie offen sind wir als Team für kontinuierliches Lernen und die Anwendung neuer Methoden und Werkzeuge zur Förderung von Innovation?

(1) Gar nicht offen
(2) Wenig offen
(3) Sehr offen
(4) Sehr offen und proaktiv

Frage 2: Wie vertraut sind wir als Team mit Innovationsmethoden und -prozessen?

(1) Gar nicht vertraut
(2) Wenig vertraut
(3) Gut vertraut
(4) Sehr gut vertraut

Frage 3: Wie effektiv sind wir als Team im Projektmanagement und in der Umsetzung von Innovationsprojekten?

(1) Überhaupt nicht effektiv
(2) Wenig effektiv
(3) Effektiv
(4) Sehr effektiv

3. Entscheidungskompetenz

Frage 1: Wie gut können wir als Team eine Situation oder Sachlage strukturieren?

(1) Gar nicht
(2) Wenig/nicht gut
(3) Gut
(4) Sehr gut

Frage 2: Inwieweit sind wir als Team in der Lage, trotz Unsicherheit fundierte Entscheidungen zu treffen?

(1) Gar nicht
(2) Wenig/kaum
(3) Viel
(4) Sehr viel

Frage 3: Haben wir als Team eine klare Vorstellung davon, wie unsere Entscheidungen zu den langfristigen Zielen des Unternehmens beitragen?

(1) Keine Vorstellung
(2) Wenig Vorstellung
(3) Grobe Vorstellung
(4) Sehr klare Vorstellung

4. Corporate Culture & Values

Frage 1: Inwiefern fördert die Unternehmenskultur Kreativität, Innovation und die Bereitschaft zur Veränderung?

(1) Überhaupt nicht
(2) Wenig
(3) In gewissem Maße
(4) Sehr stark

Frage 2: Wie ist die konstruktive Feedbackkultur in der Organisation ausgeprägt, um kontinuierliches Lernen und Verbesserungen zu ermöglichen?

(1) Gar nicht
(2) Schwach
(3) Stark
(4) Sehr stark

Frage 3: Wie sehr unterstützt die Leitungsebene eine innovative Haltung und das Wachstum (Growth Mindset) der Teammitglieder im Sinne einer zukunftsfähigen Organisation?

(1) Überhaupt nicht
(2) Wenig
(3) In gewissem Maße
(4) Sehr stark

5. Zusammenarbeit & Kommunikation

Frage 1: Wie effektiv ist die virtuelle Zusammenarbeit der Teammitglieder, insbesondere in einer zunehmend digitalen Arbeitsumgebung?

(1) Gar nicht effektiv
(2) Wenig effektiv
(3) Effektiv
(4) Sehr effektiv

Frage 2: Wie gut sind die Teammitglieder darin, eine offene und zielgerichtete Kommunikation im Team und außerhalb (z. B. mit externen Stakeholdern) einzusetzen, um ihre Innovation und Veränderungen voranzubringen?

(1) Gar nicht gut
(2) Wenig gut
(3) Gut
(4) Sehr gut

Frage 3: Wie erfolgreich gehen wir als Team mit Konflikten um und sind wir in der Lage, konstruktive Lösungen zu finden?

(1) Überhaupt nicht erfolgreich
(2) Teilweise erfolgreich
(3) Erfolgreich
(4) Sehr erfolgreich

Der ChangeAbility Score verwendet diese Fragen, um die Veränderungsfähigkeit eines Teams in Bezug auf diese fünf Schlüsselaspekte messbar zu bewerten. Dies ermöglicht es, gezielte Maßnahmen zur Verbesserung der Veränderungsfähigkeit zu identifizieren und die Zukunft des Unternehmens aktiv zu gestalten.

Dieses Modell bietet Ihnen einen Indikator zur Veränderungsfähigkeit im Team. Setzen Sie die Gewichtung der fünf Schlüsselaspekte nach Ihren eigenen Schwerpunkten, je nach Team, Projekt oder strategischen Zielen. Sehen Sie es als Einladung zu einer gemeinsamen Reflexion und regelmäßigen Gesprächen, um Stärken und Schwächen im Team zu identifizieren, Rückmeldung an die Organisation zur Verbesserung der Rahmenbedingungen zu geben und auf der persönlichen Ebene individuelle Entwicklungen zu vereinbaren. Wir empfehlen die Anwendung des ChangeAbility Scores z. B. mindes-

tens zur Mitte und zum Ende des Projekts und/oder während einer Retrospektive. Die Ergebnisse können Sie mit Team- und Einzel-Entwicklungsgesprächen koppeln.

Auf www.designagility.de finden Sie eine Online-Variante des **ChangeAbility Scores**, den wir permanent für Sie verbessern und aktualisieren. Melden Sie sich gern bei uns und erzählen uns von Ihrer Erfahrung mit der Anwendung in Ihren Teams.

ChangeAbility Score – Auswertung und Handlungsempfehlungen

Die Ergebnisse dienen als Grundlage dazu, die Veränderungsfähigkeit im Team zu steigern. Die Handlungsempfehlungen sind unter der Annahme einer gleichverteilten Gewichtung zu sehen. Wenn Sie z. B. ein stark Zukunftstechnologie-getriebenes Innovationsprojekt bearbeiten, dann gewichten Sie die »Technologische Kompetenz« höher. In der Auswertung und Handlungsempfehlung gehen Sie entsprechend stärker auf Ihren höher gewichteten Aspekt ein.

Beispielauswertung

	Aspekt	Gewichtung*	Punkte	Score
1	Technologische Kompetenz	0,3	9	2,7
2	Innovationskompetenz	0,2	6	1,2
3	Entscheidungskompetenz	0,3	9	2,7
4	Corporate Culture & Values	0,1	9	0,9
5	Zusammenarbeit & Kommunikation	0,1	10	1,0
	**Gewichtung justierbar*		43	Ø 1,7

Bewertung < 20 Punkte: Starker Handlungsbedarf

»Lasst uns drüber sprechen und gemeinsam schauen, was noch fehlt!«

Wenn Ihr Team eine Bewertung von bis zu 20 Punkten erhalten hat, besteht starker Handlungsbedarf, um die Veränderungsfähigkeit zu verbessern. Hier sind einige Maßnahmen und Handlungsempfehlungen, die in Betracht gezogen werden sollten:

- **Training und Weiterbildung:** Investieren Sie in gezielte Lernangebote, um die technologische und innovationsbezogene Kompetenz Ihrer Teammitglieder zu stärken. Bieten Sie praxisnahe Trainings zu Datenanalyse, digitalen Tools und Innovationsmethoden an.
- **Kulturwandel:** Arbeiten Sie aktiv an einer Kultur des kontinuierlichen Lernens, der Offenheit für neue Ideen und der Bereitschaft zur Veränderung. Fördern Sie eine positive Feedbackkultur, in der konstruktive Rückmeldungen willkommen sind.

- **Teamzusammensetzung:** Überprüfen Sie die Zusammensetzung Ihres Teams, und stellen Sie sicher, dass es über vielfältige Kompetenzen verfügt. Ermutigen Sie zur Zusammenarbeit und zum Wissensaustausch innerhalb des Teams.

Bewertung 21 bis 40 Punkte: Punktueller Handlungsbedarf

»Wir sind ein starkes Team – aber wir sind noch nicht da, wo wir sein könnten!«
Wenn Ihr Team eine Bewertung zwischen 21 und 40 Punkten erhalten hat, besteht punktueller Handlungsbedarf, um die Veränderungsfähigkeit weiter zu stärken. Hier sind einige Maßnahmen und Handlungsempfehlungen:

- **Vertiefte Schulung:** Bauen Sie auf den vorhandenen Kompetenzen auf und bieten Sie Upskilling Trainings und Workshops an, um die Innovationsfähigkeit zu steigern. Fördern Sie zudem die Anwendung dieser Fähigkeiten in realen Projekten.
- **Kulturverstärkung:** Setzen Sie gezielte Maßnahmen ein, um die Unternehmenskultur und die Werte weiter zu stärken. Stellen Sie sicher, dass alle Teammitglieder die Unternehmenswerte in ihrer täglichen Arbeit berücksichtigen.
- **Teamkommunikation und Zusammenarbeit:** Verbessern Sie die Kommunikation und die Zusammenarbeit innerhalb des Teams. Ermutigen Sie zur aktiven Teamteilnahme an Innovationsprojekten und fördern Sie die Nutzung guter Kommunikationswerkzeuge.

Bewertung 41 bis 60 Punkte: Hohe Innovationskraft und Veränderungsfähigkeit

»Wow, wir sind optimal aufgestellt! Was können wir tun, um unser Wissen anderen zur Verfügung zu stellen und noch mehr Teams so zu befähigen?!«
Wenn Ihr Team eine Bewertung von 41 bis 60 Punkten erhalten hat, verfügt es bereits über eine hohe Innovationskraft und Veränderungsfähigkeit. Hier sind zusätzliche Empfehlungen:

- **Wissensaustausch:** Ermutigen Sie Ihr Team, neue Mitglieder aus anderen Teams oder Abteilungen in Projekte einzubeziehen, um Wissen und Erfahrung zu teilen. Dies fördert nicht nur den Wissensaustausch, sondern kann auch dazu beitragen, den hohen Reifegrad auf andere Teams und in die Organisation zu übertragen.
- **Projektmanagement-Exzellenz:** Stärken Sie die Fähigkeiten Ihres Teams im Bereich Projektmanagement, um sicherzustellen, dass Innovationsprojekte effizient und effektiv durchgeführt werden. Fokussieren Sie sich auf bewährte Praktiken und kontinuierliche Verbesserung.
- **Mentoring und Coaching**: Implementieren Sie ein Mentoring-Programm, in dem erfahrene Teammitglieder ihr Wissen und ihre Fähigkeiten an weniger erfahrene Kollegen weitergeben. Dies unterstützt die kontinuierliche Entwicklung aller Teammitglieder und fördert eine positive Unternehmenskultur.

Unabhängig von der aktuellen Bewertung sollte die Stärkung der Veränderungsfähigkeit ein fortlaufender Prozess sein. Mit den richtigen Maßnahmen und der engagierten

Zusammenarbeit innerhalb der Teams können Sie die Innovationskraft steigern und für eine erfolgreiche Zukunft sorgen.

IX Ausblick: DesignAgility – Nach dem Spiel ist vor dem Spiel

»Am Ende gilt doch nur, was wir getan und gelebt – und nicht, was wir ersehnt haben.«
Arthur Schnitzler

Mit jedem DesignAgility-Projekt erhalten Sie einen aus Kundenperspektive erstellten und evaluierten Prototyp Ihrer Innovation. Nach jedem Projekt oder Änderungsabschnitt innerhalb einer Transformation empfiehlt es sich, die zukünftige Arbeitsweise insgesamt zu optimieren und anzupassen:

- Sollten Innovationsprojekte künftig anders initiiert werden als in der Vergangenheit? Wer gibt den Anstoß?
- Inwiefern verändert DesignAgility die bisher übliche Zeit- und Projektplanung?
- Müssen Innovationsprojekte mit DesignAgility anders kalkuliert und integriert werden als bisherige Projekte?
- Wie kann das Wissen im Unternehmen so verteilt werden, dass die Erkenntnisse aus DesignAgility-Projekten allen zugänglich sind?
- Wie lässt sich durch DesignAgility eine Innovation- und Veränderungskultur verankern?
- Wie können wir angrenzende Bereiche und Stakeholder in die permanente Veränderungskultur integrieren, um eine nachhaltige Transformation zu gewährleisten?

Die DesignAgility-Stellvertreter*innen – die Personas aus Kapitel I – teilen uns im folgenden Abschnitt ihre Erfahrungen aus ihren Innovationsprojekten mit. Bevor Sie Ihr nächstes Projekt mit DesignAgility starten, werfen Sie einen Blick auf die auf www.designagility.de und nutzen die Angebote undDownloads für Ihr Veränderungsvorhaben.

Rückblick aus Sicht der sechs Personas

Chris konnte mithilfe der DesignAgility eine innovative Vermiet- und Sharing-Plattform entwickeln. Weil dabei viele frühere Glaubenssätze infrage gestellt wurden, war das Projekt anfangs für alle Beteiligten nervenaufreibend. Als aber der Prototyp sehr positive Bewertungen aus verschiedenen Altersgruppen bekam, waren nicht nur die Mitglieder des Innovationsteams überzeugt. Die Zufriedenheit und Zuversicht strahlten auf die ganze Belegschaft ab. Um

manche Begriffe aus dem Englischen wurde anfangs gerungen, weil die langjährigen, meist bodenständigen Mitarbeiter sie ablehnten. In dem Moment aber, als sie den Sinn und Zweck der Methode erkannten, waren die Bezeichnungen nebensächlich. Alle waren davon beeindruckt, wie viele innovative Ideen schon in der Belegschaft schlummerten, die nun mit der neuen Methode sichtbar werden und in das Ideenmanagement einfließen können. Die Arbeitsweise hat vielen so gut gefallen, dass sie Innovation gerne zu einem dauerhaften Bestandteil ihrer Arbeit machen möchten.

Laura hat für den Online-Shop ihres Unternehmens eine konsequent datengetriebene Customer Journey entwickelt. Zunächst schien die DSGVO das Projekt sehr zu behindern, die Lösung findet jetzt aber international Beachtung und erste Nachahmer: Sie haben ein Problem gelöst, das früher oder später alle angehen müssen. Das UX-Design wurde sehr zielgruppenorientiert mit Fokusgruppen entwickelt und optimiert – jetzt bekommt es regelmäßig 5-Sterne-Bewertungen. Die Fokusgruppen sind auch weit über das Projekt hinaus eine große Hilfe: Durch den regelmäßigen Kontakt können in Zukunft Veränderungen der Kundenerwartungen leichter erkannt oder sogar antizipiert werden. Die Umstellung auf eine radikal kundenorientierte Arbeitsweise hat viel Überzeugungsarbeit gekostet, letztlich aber zu erheblichen Wettbewerbsvorteilen geführt.

Max wurde bei seinem Start als Transformationsmanager euphorisch begrüßt. Denn alle gingen davon aus, dass er bereits Lösungen im Gepäck haben würde, wie die Firma sicher in die Zukunft geführt werden kann. Als er den Projektleitenden eröffnete, dass er vielmehr den Prozess mit ihren Ideen moderieren werde, kühlte sich die Stimmung erheblich ab. Es half dabei nicht, dass Max immer von einem transformativen Mindset sprach. Max hat schnell verstanden, dass er die Begriffe aus seiner Weiterbildung zum Transformationsmanager nicht eins zu eins im Unternehmen verwenden darf. Er musste lernen, die Ziele in die Sprache der Belegschaft zu übersetzen. Mit dem Spruch von Alan Kay (»The best way to predict the future is to invent it«) hatte er ein paar Lacher und vor allem die Sympathien auf seiner Seite. Die Leute haben verstanden, dass die Zukunft in ihren Händen liegt, sie den Weg dorthin aber selbst finden müssen. Danach waren sie offen für einen gemeinsamen Blickwinkel auf den Markt und die Kunden. DesignAgility haben sie nicht einfach übernommen, sondern an einigen Stellen an ihre Bedürfnisse und die Spezifika des Energiemarktes angepasst. Mit ihrer »customized« DesignAgility haben sie jetzt eine Arbeitsweise und ein Denkmodell, das die Projektarbeit und die interne Kommunikation enorm vereinfacht. Von einer Vielzahl an Innovationsprojekten sind sie jetzt zu einem nahtlosen Innovationsprozess übergegangen, bei dem Innovation und Transformation im Alltag immer mitgedacht werden. Die Zukunftsangst ist dadurch einer Zuversicht gewichen, auch in einer Umbruchsituation bestehen und die künftige Marktentwicklung mitgestalten zu können.

Luca konnte bei seinem Auftrag im Content Marketing & Storytelling für den Solaranbieter mit DesignAgility eine Menge erreichen. Mit der Methode konnten gute Ergebnisse erzielt werden, die Arbeitsweise wurde angewendet und verinnerlicht. Meetings werden jetzt anders und deutlich produktiver durchgeführt. Mit dem Video-Prototyp wurde Neuland betreten und für künftige Prototypen wurden neue Standards gesetzt. Die Idee, ein Angebot durch Gamification mit Scores und einem Quiz anzureichern, hat ebenfalls neue Maßstäbe gesetzt. Die wertvolle Idee eines Probanden hat gezeigt, wie gewinnbringend die Einbindung der Zielgruppe für ein Projekt sein kann. Überhaupt wurden neue Formen der Interaktion mit der Zielgruppe entdeckt. Das Projekt mit DesignAgility hat außerdem viele Einsichten für Folgeprojekte zutage gefördert.

Oliver ist es relativ leichtgefallen, DesignAgility seinen Führungskräften nahezubringen, weil sie durch Scrum mit agilem Projektmanagement vertraut sind und User-Stories aus der Softwareentwicklung kennen. Nicht alle waren am Anfang glücklich darüber, dass Oliver den Fortschritt der verschiedenen Innovationsprojekte im Unternehmen über aussagekräftige Indikatoren verfolgen möchte. Oliver konnte ihnen aber vermitteln, dass dies nichts mit Misstrauen oder Kontrollbedürfnis zu tun hat. Vielmehr möchte er seine Aufmerksamkeit und Unterstützung den Projekten widmen, die schwierige Phasen durchlaufen. Als Eckpunkte eines solchen Monitorings wurden einerseits das Potenzial der besten Ideen ausgewählt, das in der U8 (Verification) sichtbar wird, andererseits die Insights (U14) nach der Evaluierung des Prototyps. Weil sie die U8 zu einem wichtigen Indikator erhoben haben, ist der Abgleich der eigenen Ideen mit den Aussagen der Zielgruppe während der Interpretation (U3) jetzt stärker in den Mittelpunkt gerückt. Dadurch wird die Entwicklung der Softwarelösungen noch nutzerzentrierter. Natürlich hängt die »Treffsicherheit« wesentlich davon ab, dass repräsentative Nutzer bzw. Interessenten gefragt werden. Dadurch hat DesignAgility indirekt auch zu einem systematischeren Arbeiten mit der Zielgruppe geführt.

Lisa hatte in ihrem Change-Projekt einen schweren Start: Die Projektleiterin der E-Learning-Plattform nahm Lisas Begleitung zunächst als Zweifel an ihrer eigenen Kompetenz wahr und zeigte sich entsprechend reserviert. Das restliche Projektteam war angesichts der ständig neuen gesetzlichen Regelungen wenig begeistert, sich mit DesignAgility noch eine weitere Methode aneignen zu müssen. Überzeugt haben sie letztlich die agilen Loops/Schleifen, die ihnen helfen, Zwischenergebnisse regelmäßig nochmals zu überprüfen. Der gleichzeitig enge Kontakt mit den Zielgruppen führt zu einer Vielzahl von Lösungsansätzen, die mithilfe der DesignAgility (und speziell der »User-Journey« in der Selection/U7) gut evaluiert und priorisiert werden können. Auch der Umgang mit Prototypen hat sich verändert: Durch die Erprobung visueller Prototypen, die durch Storytelling das Erleben der User beschreiben, können Ideen viel schneller und ressourcenschonender mit der Zielgruppe getestet werden.

Die folgende Grafik (Abb. 33) veranschaulicht die Stories der Personas, der Kreis ihrer Geschichten schließt sich hier.

Abb. 33: Auf einem Spielfeld: DesignAgility verbindet Innovatoren verschiedener Tätigkeitsfelder

Nach dem Spiel ist vor dem Spiel: Sie konnten den Spielverlauf unserer Personas verfolgen und aus ihren Erfahrungen lernen. Starten Sie nun Ihre eigene DesignAgility-Challenge. Wir wünschen Ihnen viel Erfolg!

DesignAgility – Übersicht des Gesamtprozesses

Die vollständige Prozessgrafik fasst abschließend die gesamte Vorgehensweise als Überblick zusammen. Im Zentrum stehen die acht Hauptschritte und ihre systematische Verknüpfung. Jeder der acht Schritte baut auf die Ergebnisse der vorausgehenden Schritte auf. Optional kann an zwei Stellen iterativ nachgebessert werden:

- Die bei der Selection favorisierten Ideen werden mit den Einsichten der Interpretation konfrontiert: Stehen diese Ideen im Einklang mit den Erkenntnissen zur Zielgruppe, ihren Bedürfnissen und den Trendszenarien? Falls nicht, müssen Ideation und Selection erneut durchlaufen werden, neue Ideen generiert und die besten ausgewählt werden.
- Wie äußern sich Repräsentanten der Zielgruppe bei der Evaluation über den Prototyp, wie substanziell ist das Feedback? Fällt die Kritik sehr grundlegend aus, so müssen die Schritte der Specification und Implementation erneut durchlaufen werden. Ziel ist es dann, eine grundsätzliche Akzeptanz des Prototyps durch die Zielgruppe zu erreichen, sodass die Verbesserungsvorschläge eine graduelle Optimierung darstellen.

Die Grafik ist als Download verfügbar unter www.designagility.de.

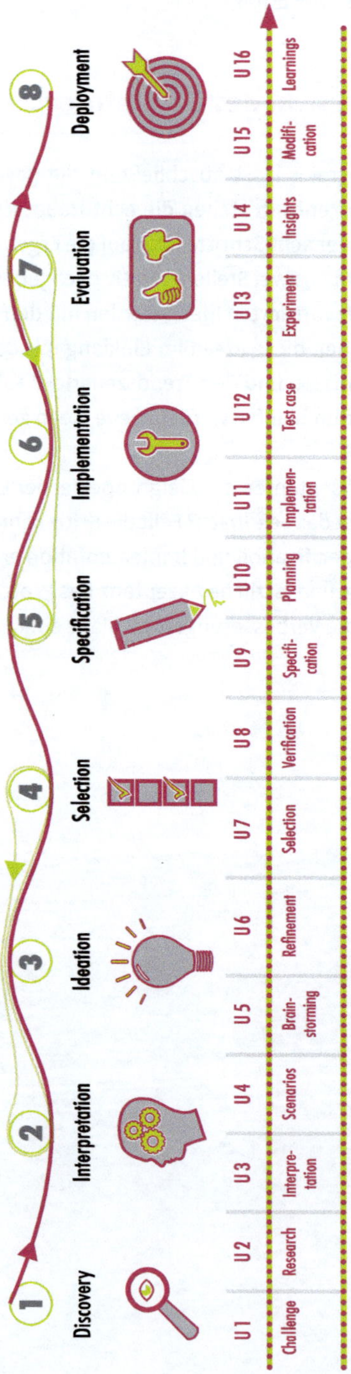

1	2	3	4	5	6	7	8
Discovery	Interpretation	Ideation	Selection	Specification	Implementation	Evaluation	Deployment

U1	U2	U3	U4	U5	U6	U7	U8	U9	U10	U11	U12	U13	U14	U15	U16
Challenge	Research	Interpre-tation	Scenarios	Brain-storming	Refinement	Selection	Verification	Specifi-cation	Planning	Implemen-tation	Test case	Experiment	Insights	Modifi-cation	Learnings

Literaturverzeichnis

Blank, Steve/Dorf, Bob/Högsdal, Nils/Bartel, Daniel (2014): Das Handbuch für Startups. Heidelberg: O'Reilly

Bertelsmann Stiftung (2023): Bertelsmann Stiftung (Hrsg.) Innovative Milieus 2023, Die Innovationsfähigkeit der deutschen Unternehmen in Zeiten des Umbruchs, Bertelsmann Stiftung: Gütersloh, 25. Mai 2023

Bösch, Uta/Müller, Ulrike/Schlüter, Okke (2014): Erfolgsfaktoren für strategische Innovationen im Buchmarkt. [online] https://www.facebook.com/booksinaction/ [15.02.2024]

Brown, Tim (2008): Design Thinking. In: Harvard Business Review, June, pp. 83–95. [online] www.ideo.com/images/uploads/thoughts/IDEO_HBR_Design_Thinking.pdf [08.02.2015]

Brown, Tim (2009): Change by Design. How Design Thinking Transforms Organizations and Inspires Innovation [Kindle Edition]. New York: HarperBusiness

Claus, Lena-Katrin (2012): Personas als Methode benutzer-orientierten Designs. Saarbrücken: AV Akademikerverlag

Dark Horse Innovation (2016): Digital Innovation Playbook. Hamburg: Murmann, S. 9

Eschberger-Friedl, Lead Innovation 2021, (https://www.lead-innovation.com/insights/blog/positive-auswirkungen-innovationen (15.02.2023)

Gapgemini Consulting (2016): Studie IT-Trends 2016. [online] www.de.capgemini.com/resource-file-access/resource/pdf/capgemini-it-trends-studie-2016_0.pdf [29.09.2016]

Habermann, F./ Schmidt, K. (2017): Project Design. Berlin: Becota. [online] https://overthefence.com.de/the-books/?lang=en [09.02.2024]

Hagemann, Detlev/Obermayr, Georg/Günther, Matthias (2013): Agiles Publishing. Das Kompendium für neue Publishing-Wege. Wolnzach: Kastner

Hasso-Plattner-Institut (HPI) (2015): Design Thinking. Erste große Studie weist Erfolg in Unternehmen nach. *Presseportal* [online] www.presseportal.de/pm/22537/3145834 [23.07.2016]

Hofmann, Martin Ludwig/Vetter, Andreas K. (2014): Design Thinking. Das Denken, das Apple & Co. groß gemacht hat. Paderborn: Fink

Kelley, David IDEOThe Field Guide to Human-Centered Design. San Francisco: https://www.designkit.org/resources/1.html [online] (Abruf, 15.02.2024)

Knapp, Jake/Zeratsky, John/Kowitz, Braden (2016): SPRINT. How to solve big problems and test new ideas in just five days. London: Bantam Press

Lenz, Daniel et.al.: Innovationsmonitor Publishing, Studie zum Innovationsmanagement in Verlagen, Norderstedt: BoD 2020

Noorda, Rachel / Schlüter, Okke, The Role of Multidisciplinary Collaborations in Publishing Innovation, in: International Journal of Innovation Studies, 2024

Pichler, Roman (2007): Scrum. Agiles Projektmanagement erfolgreich einsetzen. Heidelberg: dpunkt

PricewaterhouseCoopers (2015): Innovation – deutsche Wege zum Erfolg. [online] https://store.pwc.de/de/publications/innovation-deutsche-wege-zum-erfolg [22.01.2023]

Quade, Stefanie (2015): Move your avatar! Improvisational theatre methods in virtual teams. International Conference on E-Learning in the Workplace, ICELW, New York, Columbia University, DOI: 10.13140/RG.2.1.3299.6008

Quade, Stefanie/Schlüter, Okke (2014): Adapting Design Thinking for Media Prototyping – Innovative Collaboration at universities and workplaces. 7th Conference of Education, Research and Innovation, Sevilla (Spain), http://library.iated.org/vies/QUADE2014ADA

Quade, Stefanie/Schlüter, Okke (2015): Design Thinking: Media Prototyping. [online] http://innovation.mfg.de/polopoly_fs/1.43120%21/file/design_thinking_media_prototyping.pdf 2015

Quade, Stefanie / Schlüter, Okke (2017): DesignAgility – Toolbox Media Prototyping, Medienprodukte mit Design Thinking agil entwickeln, Stuttgart: Schäffer Poeschel, 2017

Schlüter, Okke, et al. (2014): Szenarien Mediennutzung im Jahr 2025. [online] http://www.pubiz.de/home/management/management_artikel/datum/2014/10/24/szenarien-mediennutzung-im-jahr-2025.htm [29.09.2016]

Tonhauser, Pauline (2015): Design Thinking Workshop: 12 Zutaten, die in keinem Design Thinking Workshop fehlen dürfen [Kindle Edition]. Berlin: Pauline Tonhauser

Weiterführende Links

Design Thinking, Universität St. Gallen, http://dthsg.com/

d.school, Stanford University, http://dschool.stanford.edu/

HPI School of Design Thinking, Universität Potsdam, https://hpi.de/school-of-design-thinking.html

Stichwortverzeichnis

Die Autoren

Okke Schlüter und Stefanie Quade
designagility@gmail.com

Stefanie Quade

Stefanie Quade ist Wirtschaftswissenschaftlerin mit langjähriger Führungserfahrung im Innovationsmanagement. Sie begleitet Unternehmen in der Transformation zu digitalen Geschäftsmodellen und zukunftsfähigen Lernansätzen. Sie forscht und publiziert zu Corporate Learning und lehrt an Universitäten.

Geboren 1977, hat Stefanie Quade nach ihrem Studium der Wirtschaftswissenschaften als Managerin Projekte und Teams in kleinen und großen Unternehmen geleitet. Heute berät sie Organisationen im Innovationsmanagement und der internen Transformation durch Learning- und Change-Initiativen.

Für ihre Arbeiten erhielt sie 2012 und 2013 den International E-Learning Award in New York an der Columbia University.

Prof. Dr. Okke Schlüter

Prof. Dr. Okke Schlüter ist seit 2008 Professor für Medienkonvergenz im Studiengang Mediapublishing an der Hochschule der Medien in Stuttgart (HdM) und seit 2018 auch Studiendekan. Schwerpunkte in der Lehre sind neben der Medienkonvergenz crossmediales Produktmanagement, Innovationsmanagement und digitale Geschäftsmodelle.

Okke Schlüter ist 1968 in Kiel geboren, er studierte Theater-, Film- und Fernsehwissenschaften, Slavistik und Betriebswirtschaftslehre in Mainz, Berlin und Moskau; Promotion in Slavistik. Nach Stippvisiten bei BCG und McKinsey war er ab 1998 Trainee der Ernst Klett AG für Führungskräftenachwuchs und von 2000 bis 2008 in Führungspositionen in Unternehmen der Klett-Gruppe.

Außerhalb der HdM begleitet er seit 2012 die Innovationsinitiative CONTENTshift des Börsenvereins des deutschen Buchhandels als Experte und ist Referent für die Akademie der Deutschen Medien.

PI12036651
8675187